2017 China Interior Design Annual

2017中国室内设计年鉴（1）

陈卫新／主编

辽宁科学技术出版社
·沈阳·

目录

办公 OFFICE

餐厅 RESTAURANT

酒店 HOTEL

CONTENTS

Poetics of "Slow Office" Space

“慢办公”的空间诗学

设计单位：目心设计
设　　计：张雷、孙浩晨、姜大伟、张仪烨
面　　积：96 m²
坐落地点：上海
摄　　影：张大齐

加斯东·巴什拉在《空间的诗学》中说：“我们想要研究的实际上是很简单的形象，那就是幸福空间的形象。在这个方向上，我们的探索可称作为场所之爱。”而列斐伏尔不厌其烦地强调，空间是政治性的，任何空间都置身于权力关系网之中，几乎所有的空间无一不成为权力的角斗场。每一空间形象，皆以其中的人、物与空间产生的社会活动及其关系为基础。这一点在办公空间中显得尤为突出，典型的办公空间充塞着由快节奏带来的紧张和压力，标准化的构件和家具以及千篇一律的空间构成，非但对减缓这种场所的特质毫无助益，反倒以象征化的方式增强着这一特质。

于是，如何弱化和平衡办公空间此种令人不悦的传统特质，就成了本方案设计的起点所在。我们采取的策略是在其中引入居住空间的若干要素，居住空间有着与办公空间截然相反的形象，它是放松、私密、静谧和个人化的。这不但意味着在办公空间的设计里引入某种“慢生活”的理念，从而打破一般办公空间过于直接、冷漠和压抑的空间关系；也意味着需在完善办公使用功能基础上，重新对空间关系进行设置，营造出居家空间所具有的委婉、舒缓的氛围。

相对周围的沿街商业办公区域，这个郁郁葱葱的办公室犹如沙漠里的一棵橡树。穿过东南入口的一片室内“竹林”，挑空的公共休闲区域内，沙发、茶几、吧台、落地窗带来宾至如归的感觉。一层的独立办公区域被隐藏在植物后，办公区视野尽端为精心营造的室内景观。会议室则被安置在最深处，整体空间强调了温馨的生活理念，而弱化了原有的紧张性和冷漠性。大片的透明玻璃以及白色墙体不仅加大了采光性，还使整个空间通透而富有层次。二层的“桥”不仅起到视觉焦点

的作用，还与一层垂直生长的竹林，成为另一处错落有致的秘密庭院。一层和二层的空间通过轻薄的楼梯连接，水泥、木、金属形成空间之间独特的对话，吧台与楼梯之间的结合也是“看似随意”的精心设计。

我们将传统的办公空间关系进行打破与重新设计，并在二者间寻求一个新的平衡点，以满足现代办公人际关系对空间新的需求。而鉴于项目客户的工作特点，打破团队成员之间较为生疏的壁垒，提高团队凝聚力，通过“慢办公”来营造家庭氛围，更是本案设计的起点与归宿。用巴什拉《空间的诗学》的话说，我们似乎已经在用“场所之爱”去营造办公的“幸福空间”了。

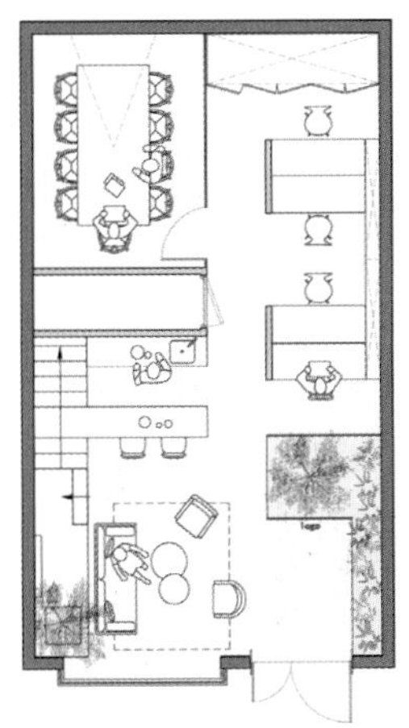

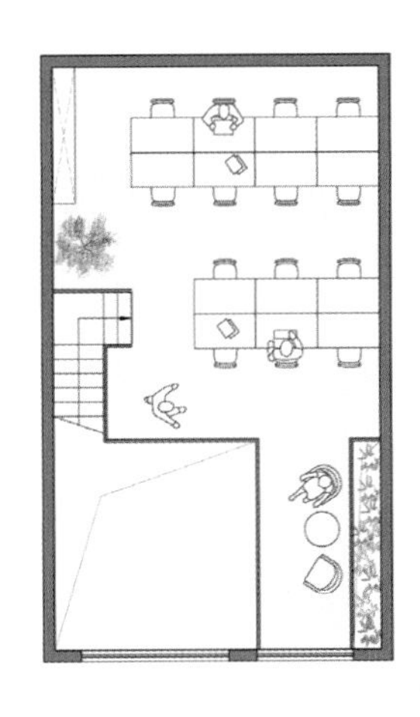

左：富有个性的透明玻璃
左2：细部
右1：外部空间
右2：入口处的室内竹林

WR
水穿石企业管理培训
WATER THROUGH ROCK
8848
2015
2008
12thC
B.C.
1993
8-3thC
B.C.
14thC
18th C
G=mg
将研究对象看作一个孤立的物体并分析它所受各外力特性，
包括主动力和约束力。
无论是哪种力，唯有恒定，才可卓越。
Take the researched object as an isolated object and a
external force characteristics, including
No matter which kind only by keeping it for a long time, can we
achieve excellence.

左1、左4：大片透明玻璃与白色墙体加大了采光性

左2、左3：一二层空间通过轻薄的楼梯连接

右1、右2：整体空间通透而富有层次

ROCO · Giant Elephant Culture Office

ROCO·巨象文化办公室

设计单位：林开新设计有限公司
设　　计：林开新
参与设计：朱珊珊
面　　积：580 m²
主要材料：木饰面、阳光板、钢板、铝网格
坐落地点：福州
完工时间：2016年9月

话剧《宝岛一村》中，讲述了战后大陆民众到台湾眷村落地生根的故事，历经岁月的洗礼，眷村形成了特殊的居住区域、生活形态与群聚文化。即便是动荡不安的年代，文化也以昂扬的姿态自发生长着。文化决定了一个人认识自我、与世界相处的方式，致力于创造丰富的文化生态，探索创意和愉悦的无限可能，ROCO· 巨象文化涵括了演艺、经纪、影业、文创、策划五大业务，将艺术和商业完美结合。

ROCO· 巨象文化新办公室选址于地理位置优越的 IFC，位于闽江之滨，云端之际，由于合作过 ROCO· 巨象的姊妹品牌若可甜品、若可生活体验馆的设计，LKK 和 ROCO· 巨象对办公环境的理解高度一致：企业始终承担社会责任才能永续经营，办公室应该成为工作伙伴交流和分享的平台，激发创意和潜力，创造价值和效应。结合优美的自然景观和轻松休闲的环境需求，整体的叙述如电影的桥段：主题呈现、情节推进、意犹未尽，又如一隐匿的森林，有着湖光山舍，舒适惬意。

在视线的叠加效应下，黑钢墙板和装置般的半围合式前台建立了酷而神秘的开场仪式。随着镜头的拉近，另一端落地窗上映照出半个福州，在中空的前台汇集而来，令人陶醉神迷，敞开的结构也有利于前台工作人员与办公区同事的紧密互动。办公区围绕主副两条路线展开。副线沿着前台前面的纵线进行，为来访客人提供了便利的通道，右边海报墙则生动展示了企业文化。主线沿开放式办公区延伸，提供了主要的纵向流通路线。功能规划依循了民主精神和平等原则，员工办公区占据了自然采光和欣赏风景的最佳位置，主副线之间的空地则被打造成三个独立的盒子作为中高层办公室。

配置了白色办公桌椅的空间如同洁白的江面，独立办公室似搁置在江岸边的房子，白色天花隔网和色彩明艳的地毯则构建了生机勃勃的大地和明媚的天空。在这宽广的国度里，伙伴制度使员工得以自由安排上班时间，自由选择座位，自主耕耘，为着共同的文化理想不懈努力。一天工作结束后，每个人都会将电脑和办公用品收拾至储藏柜，将桌面还原到干净的状态，迎接下一次使用的同事。每间“岸上”的房子都仿佛一尊奇妙的宝盒，蕴含了复杂的使用功能。盒子中心既是中高层办公室，又是头脑风暴讨论和小型会议的场所。盒子表面则暗藏了大量的储存柜，此外还提供了吧台和陈列展示功能，与横向过道相邻的一面则被巧妙设计成休闲区，以满足休憩放松和讨论的需求。纵线的尽头合理规划了董事长办公室和会议室，并保证每个空间都拥有银幕般的江景视野，黑色墙体和灰绿色地毯展现出高贵的品质和时尚的气息。

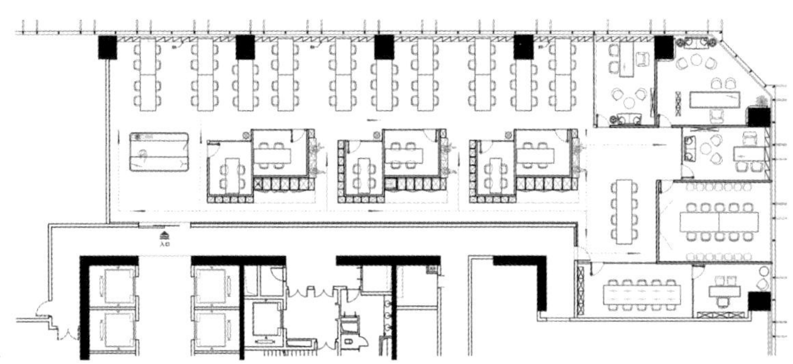

在这纯粹极致的空间中，漫观云卷云舒，一切充满了可能。“寻梦？撑一支长篙，向青草更青处漫溯，满载一船星辉，在星辉斑斓里放歌。”这片平衡了理想和现实的乐园，让梦想得以放飞，创意得以发挥，生活得以分享，文化得以创造。

左1、左2：黑钢墙板和半围合式前台建立了酷而神秘的开场仪式
右1、右2：独立的盒子是中高层办公室

左1、左2、左3：办公区围绕主副两条线路展开

左4：盒子的一面被设置成休闲区

右1、右2：窗外映照出半个福州

右3：黑色墙体展现高贵

Unbounded canal

运河无界

设计单位：古晨无界设计师事务所
设　　计：胡武豪
参与设计：黄淼、胡华冰、陈浩
面　　积：260 m²
主要材料：钢、铁框架结构、木质材料、软装家具
坐落地点：杭州
完工时间：2017年1月
摄　　影：金选民

做了这么多年设计工作，仿佛对设计的定义越来越模糊，但方向却越来越明确。心境回到了当年那个还没有开始学画画的毛头小伙，坚定的一腔热血还在，也许这就是大家经常说的初心。找了一年多的新办公地址，终于被我找到了，安静但不偏远，高级但不奢华，有文化传承，有树林绿地，一定要有水，这一切仿佛是天方夜谈，但就是这么高的要求，也被我找到了，这是运河旁的一个船厂旧址。

我的出发点，不想有那么多的形式，空间格局要清晰，结构不能浮夸，但必须要有气场，室内空间要和门前的绿地和运河进行融合，所以我保留了外立面的灰色素墙，黑色铝合金窗框的色彩结构自然协调。大门设立在南面，面对草地和运河，期待着春暖花开，主入口则做了咖啡色木饰面的门套，现代中式的单开大门，两只铜狮装饰，气宇轩昂。大厅空间做了挑高，露出白色的原始木梁顶，在两侧白色的隔断墙面中，它承担着历史赋予的记忆。中庭白色沙池中是我的上家送我的关公像，保佑一切平安，左厅分为私宅设计部和商业空间设计部这两个战斗的群体。右厅是休闲空间，爵士白的水吧台，宾士域的定制九球桌，地面保留了原船厂的下水轨道，用玻璃钢架结构来保留，让每一个到这里的朋友都能回味历史的味道。楼梯在结构和灯光上下了一番功夫，没有高级的材质，没有特别的造型，灯光从登上台阶一直连接到二楼隔断的下侧，楼梯下的鹅卵石在射灯的映射下自然和谐，彰显着运河的精神。

上二楼玄关的关公像精致典雅，灯光下的琉璃像静静地保佑一方安宁，右边墙面保留了原建筑的固定钢柱，穿插在钢柱中的层板上展示了我们团队这些年的荣誉，每天看到这些，既是鼓励又是激励。背墙面的墨绿色是从门前桂花树上一片叶子

的墨绿色引入的，左边是我的办公室，右边是会客室，同样是最普通的白色，白色石膏板隔断和吊顶连接，露出局部木梁原顶，让这个粗糙的小建筑有了一些干净的留白。蓝灰的地毯和旧木茶台是主角，让我可以更安静地享受运河美景和热爱的设计工作。

这就是我们的新办公空间，形式是设计的表现手法，而精确的战略管理设计才是每个项目能否成功的关键，每一个做设计的人都要学会画圆的概念，只有培养了能画一个圆的全局观，才能在空间设计中规划好每一个空间环节，让设计做得更成功。

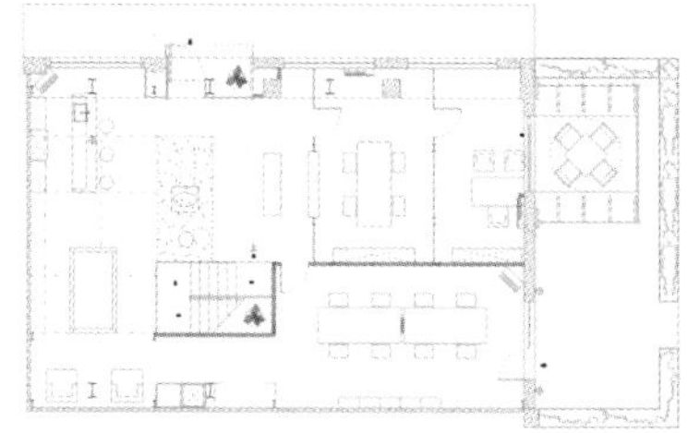

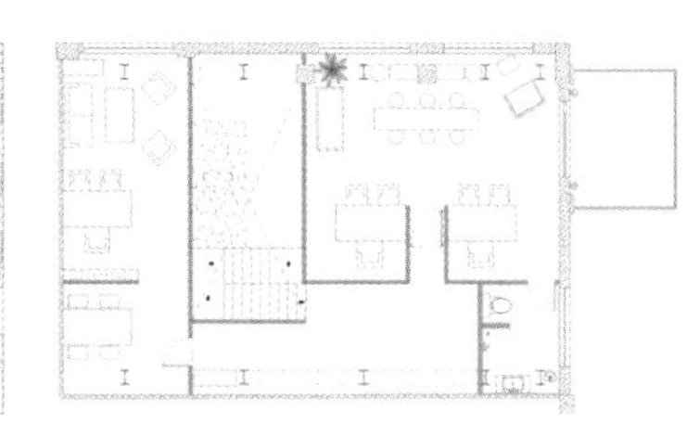

左1、左2：现代中式的单开大门有两只石狮装饰
右1：前台
右2：关公像保佑一切平安

左1、左2、左3：楼梯在结构和灯光上下了一番功夫

右1：穿插在钢板中的层板上展示着我们的荣誉

右2、右3：露出局部的木梁结构原顶

GUAN Design office space

观堂设计办公空间

设计单位：杭州观堂设计
设　　计：张健
面　　积：350 m^2
主要材料：木地板、金属
坐落地点：杭州
完工时间：2016年10月
摄　　影：刘宇杰

观堂设计于 2016 年租下了钱塘江边的一栋别墅，并对之进行改造。原建筑作为住宅闲置多年，漏水现象严重。设计师首先对建筑外立面进行大力改造，将外墙材质和颜色变更为黑白色调，屋顶重新做防水翻新，原先的家居感建筑立马变身为现代建筑的风格。

作为办公空间，公共区域的处理以水泥地为主，简洁大方，各独立空间采用回收的旧木板铺设地面，温暖舒适。空间墙体处理成白墙，简单明了，以不设计的手法进行设计，抛弃繁复，追求本质。卫生间里采用水磨石台面与全铜水槽，配上复古铜质龙头和古董铜镜，带来不一样的感觉。考虑到公司设计师们的日常需求，朝南的空间设置成一间厨房和餐厅，供设计师做些简单的烹饪和咖啡茶水的冲泡。在软装的选择上每一项都颇费心思，灯具、家具、摆设，每一件都有出处，或是设计师的经典作品，或是北欧、日本的古董，耐人寻味。

建筑原本的庭院因为常年无人居住而杂乱无章，于是请来专门的园林规划者，将杂草去除，种上四季果树，不同的季节有不同的开花和结果。将草坪修整得干净大气，并在一侧铺设枯山水，每天专人慢慢耙一耙，既为景观也为静心，意境油然而出。

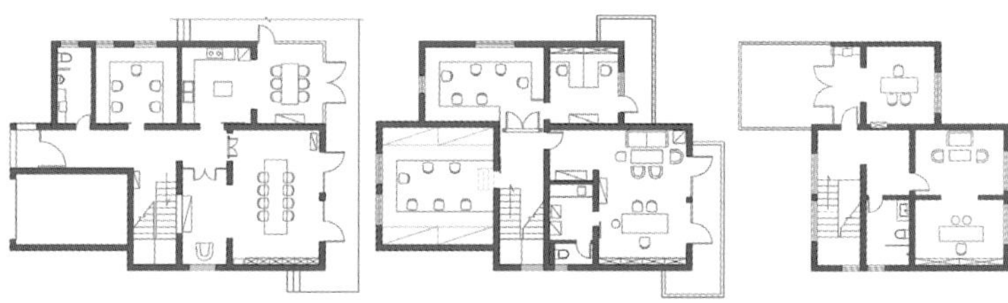

左1、左2：黑白色的对比
右1～右4：每一件摆设都有出处

BOSCH

左1、右1、右2：白色墙体简单明了
左2：庭院里的景观

GUANTANG DESIGN

Shangdong Greenland International Financial Center (IFC) smart office space

山东绿地国际金融中心IFC智慧办公空间

设计单位：飞视设计团队
设　　计：张力
面　　积：1295 m^2
主要材料：大理石、木饰面、地毯、不锈钢
坐落地点：济南
摄　　影：金选民

设计师以简约、现代的设计手法为依据，设计重点致力于体现实用、现代、环保的人性化设计理念。空间采用灰白色系为主色调，辅助以原木色，同时融入了跳跃的活力色，让整体色调更富有层次感，赋予整个办公空间和谐、轻松的时代特征。延续绿色的张力，将自然元素融入现代风潮中，原木色的木饰面，空间中辅以绿植作点缀，在灯光氛围的烘托下，营造出安静、大气、优雅的办公空间。

光与线条贯穿于整个办公空间，光与影的交织横向延伸，营造出丰富的空间感。木制线条作为光影的构成元素简洁大气，勾勒出通透明亮的空间，对材质和颜色的差异性进行了对比，展现出材质、颜色、形态的相互关系，体现了现代设计中的形、光、色的魅力，强调了设计以人为本的设计理念，给予人们办公时的体验是轻松的。

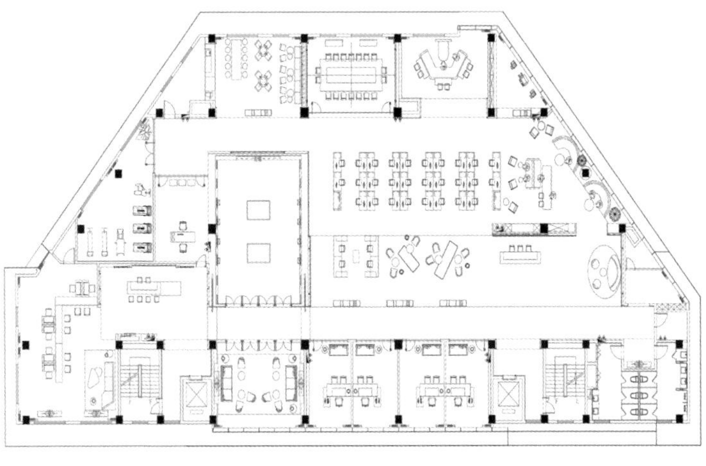

左：空间大气优雅
右：原木色的木饰面辅以绿植点缀

左1、左2：灰白色系中融入了跳跃的活力色
右1、右2：整体色调富有层次感

White Peak Beijing (Headquarters) Office

中瑞鼎峰北京总部办公室

设计单位：WUTOPIA LAB
设计咨询单位：TOPOS DESIGN CLANS
主持建筑师：俞挺
项目建筑师：林晨
面　　积：740 m²
坐落地点：北京
完工时间：2016年8月
摄　　影：胡义杰

在中国传统空间中，无论室内外，屏风都是用来灵活临时划分活动场所的工具。屏风制造出一种层层叠叠的平行空间，把现实世界暂时分配在其中并制造了一种暂时和现实脱离的幻觉。这种看待空间的方式和西方有着极大差异，正如中国的山水画，中国古人在绘画中不强调体积和明暗，却把立体的自然根据在眼中的前后退进，一层层地碾平在二维纸面上。

我于是用宣纸玻璃一层层地根据功能把办公室分割成不同部分，宣纸玻璃事实上更进一步消解了整个空间的体积，对我而言，宣纸玻璃就是屏风。在视觉上，一层层的它把公司不同功能和部门碾平在不同层次的半透明界面上，不同层次的活动在最前景合成了一个二维的画面，在三维的世界失去真实的时候，时间这个奇妙又喜怒无常的野兽就好像被暂时困住了，结果是呼应了中国古人在绘画和诗歌上的审美。

我习惯把任何建筑和室内设计看成一个世界的重构，原本试图在这个空间中创造一种虽在室内但宛如置身园林的场景。不过公司负责人是个居住北京多年的北欧人，尽管对中国艺术有一定研究，但更倾向一种极简主义的表达。

当我突出宣纸玻璃的时候，原来园林的布局被重新组织到不同的平行世界，而在视觉上则抽象到毫无辨识度，只剩下暗示性的材料比如镜子和木材，来证明这个空间在最初设计上的意图，水面、天空，或者亭台楼阁。不过回过头来看，这种极致的抽象化非常有趣，它们消融在宣纸玻璃所制造的重屏中，但因为原型的差异，它们在重屏上的剪影还是有差异的，这些细微的差异制造了重屏平行世界在

视觉和体验上的丰富性，这就是极简主义中式和极简主义的差异吧。

这个办公室仿佛公开但又无法一眼明之，仿佛幻觉但又真实地存在，它代表了一种不同以往的全新办公体验，但又和某个古老的审美有着联系，这就是重屏。屏风本就是绘画和书法的载体，宣纸玻璃激发了业主的创作欲望，把他喜欢的阳江组书法转印在宣纸玻璃上，仿佛可以沟通这平行世界之间的咒语。开门题字就是一览众山小，这个北欧人断然地直抒胸臆了中国雄心。

左：前台
右1、右2：细部
右3、右4：屏风制造出层层叠叠的空间

左1、左2：重屏上的剪影有细微的差异

右1～右4：空间仿佛公开但又无法一眼明之

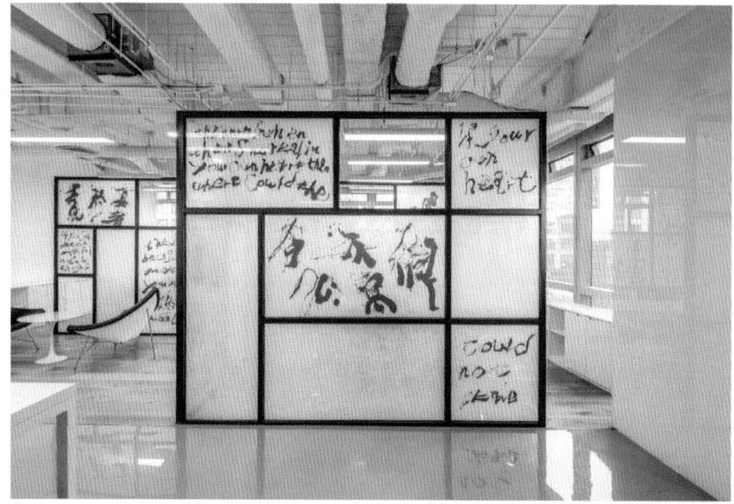

Fields of Home Building Landscape Design Institute Office

半亩方田建筑景观设计院办公室

设计单位：安徽凌度空间装饰
设　　计：邵乾、丁哲
面　　积：720 m²
主要材料：乳胶漆、地坪漆、柚木饰面、钢化玻璃
坐落地点：合肥
摄　　影：Ingallery

文人气质，清雅如斯。半亩方田建筑景观设计院位于科教名城合肥经济开发区，紧邻环城高速，交通便利，位置优越，远可眺望蜀山，近可静观绿荫。

本案通过典型的回形区域分割和对称轴线来组织空间秩序，力求将复杂的办公区域简洁化，充分发挥建筑原有落地窗的采光特点，最大化利用自然光线和通风，顺势而为创造出更多明亮的开放空间。结合功能需求，我们把空间分割为建筑中心、景观中心、制图中心和多功能中心四大区域，围绕多功能区，将其他三大区域依次分布，互通互补，构成和谐有序的交通动线。在材质上使用简单、自然、耐用的材料，地面采用灰色地坪漆铺设，墙面采用白色乳胶漆涂刷，隔断采用大面积钢化玻璃处理。整体空间通过细腻的布局、简洁的色彩，朴素的软装，力求给使用者提供一个洁净雅致、轻松自然的现代化办公氛围。

门厅以白色墙面为纸、灯光为线、企业 LOGO 为点，加上古朴的陶罐点缀形成有机的构成美学，更无需添加任何的多余装饰，整个精气神跃然于上。过道侧面的多功能会客区采用五扇简洁的旋转门来延伸过道的横向空间感，也可根据不同的使用功能要求从任意两边过道进入，对后期空间形式变化和功能再创造提供更多可能。穿过走廊，能容纳 30 人的开敞办公区随即映入眼帘，以黑白为主色调，橙色办公椅为点缀色，自然光通过大落地窗洒进来和实木桌面相融合，半透卷帘有效地控制光线强弱及炫光，清晨或者傍晚时分分外温暖。

左：入口处
右1：大块玻璃隔断进行空间分割
右2：景物
右3：休息区
右4：走道

左1、左2、右1：开敞的办公区

右2：朴素的软装

右3：书吧与办公区通过书架来分割

Office model houses in Shanghai LCM Square

上海置汇旭辉广场办公样板房

设计单位：集艾室内设计（上海）有限公司

设　　计：黄全

参与设计：李伟、袁俊龙、黄朝辉、凌拥、周创、蒋亿中

软装设计：陆曙琼、李晓艳、陈梅

面　　积：500 m^2（金融办公样板房）/200 m^2（科创办公样板房）

坐落地点：上海

摄　　影：黄善忠

了解上海过去，从陆家嘴开始，百余年来，浦西外滩一直以上海名片出现在世人眼中，从外白渡桥到十里洋场，外滩以它独特的风姿为世人所向往。与此一江之隔的陆家嘴，在风云变迁中极速向前发展，从东方明珠、金茂大厦，再到上海中心，这里已然成为世界资本的新疆场。位于洋泾黄金地段的置汇旭辉广场，凭借35万平方米的旗舰规模打造为陆家嘴封面级立体式综合体，融合主题商业中心、水岸精装公寓、内环臻品别墅、河畔生态文化公园、滨江办公集群等多元业态，其一站式全能商务地标未来将大幅度提升区域商务服务水平和能级，于陆家嘴最后一片珍稀宝地，再筑新一代城市办公标杆。

金融办公样板房——在精品酒店里办公。

金融办公样板房虚拟的客户为创新金融类企业，设计师提出“在我的精品酒店里办公”的设计概念，结合精品酒店的时尚感、尊贵感以及人性化的客户体验，来打造出一个新潮高雅的办公空间。

前厅进门并不是传统的LOGO背景墙，迎面而来的是全通透玻璃盒子，是宜人的办公环境和户外景观的融合。接待台位于门厅右侧，背景墙由厚度不一的水晶体块打造，通过背面灯光的承托，整个背景显现出山水画般的意境。顶面倒角亚克力灯光片加上仿古铜拉丝不锈钢的精致镶嵌工艺，让空间充满未来的科技感，半高的TV系统与背面植物墙很好地融为一体。

办公区由几个通透的玻璃盒子组成，整个空间隔而不断，玻璃上下由LED线形灯光带收边，显得更为精致。顶面深色部分是透明亚克力冲孔板，冲孔大小正好

与灯具、喷淋、烟感等设备对应，空调及新风出风口也处理成与亚克力孔对应的大小，所有的设备都通过新型的材料统一起来，增加天花的统一性。

靠近核心处因采光不佳不宜办公，适合作为员工的休息生活区。较为紧凑的区域内，融合了行政酒廊、员工休息、茶歇、书吧、讨论等功能，通过一体式吧台把各功能进行整合，打造成活动中心。紧邻活动中心的是员工私属空间，可作为私人电话、休息更衣、储物阅读，甚至提供新鲜氧气等功能使用，称之为员工多功能氧舱。打造此空间的意义，一方面在于强调精品办公的服务理念，另一方面在于宣扬人性化办公的人文精神。

穿过定制的仿铜金属门后便来到总裁的私属空间。顶面灯光膜结合不锈钢造型，打造出极简时尚又不失气场的能量空间，顶面造型犹如官帽一般。总裁办公台面为私人定制款式，结合最新办公理念，集工作、讨论、商谈、高层会议等功能于一体，结合墙面调光玻璃，使更多的工作模型成为现实。

科创办公样板房——APM OFFICE。

科创办公样板房虚拟客户为互联网类企业，设计师提出“APM OFFICE”的设计概念，希望打造全天候办公的设计理念，办公场所能随着时间变化而将环境进行相应变化，为员工提供更加自由轻松的办公氛围。

门厅区域摒弃传统冷冰冰的接待形式，由超级吧台、茶歇区、健康办公区、讨论区等功能组合而成，把互联网开放性思维植入到日常办公生活中。同时利用健康跑道地毯将整个空间串联起来，让空间更加具有活力和生气。会议空间分为两个空间，一个是集会议、培训、活动于一体的多功能会议室，另一个集洽谈、路演、讨论于一体的创意互动区，仅需开关移门，即可让空间改变不同的功能属性，迅速与其他场所互动。通过天花统一的木纹铝板造型及灯带的形式，迅速把空间整合起来，让各种不同的办公形式在空间中都能很好的融合。不同的工作形式能为不同部门不同岗位的员工提供多元化的工作需求，让大家共聚一堂。

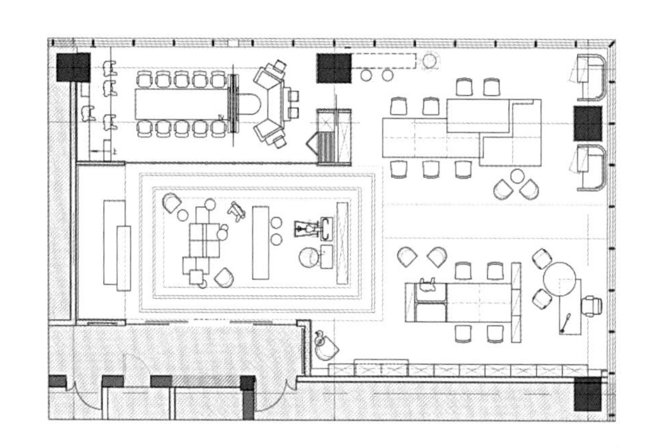

左、右：黄色椅子点亮了灰色空间

INSPIRING
SPLENDID
CLASSIC
SERENE
ENDURING
STYLISH

左1、左2：门厅区域

右1、右2：不同的办公形式在空间中都能很好的融合

Syngenta (Beijing) Biological R & D Center

先正达（北京）生物科学研发中心

设计单位：清华大学建筑设计研究院有限公司&北京点石九八装饰设计有限公司
设　　计：谢剑洪
参与设计：罗君、黄玲、田亚萌、陈巍等
面　　积：17100 m²
主要材料：大理石、枫木、影木
坐落地点：北京
摄　　影：陈尧

先正达是全球领先的农业科技公司，致力于通过创新和科技为农业可持续发展做出贡献。公司在全球植保领域名列前茅，并在高价值商业种子领域排名第三。先正达一期实验楼功能复杂，内部空间立足于实用性，同时还要满足舒适性、通达性、企业文化内涵性和工作空间先进性；另外，平面布局与立面造型要彰显世界领先的科技性和创新性。通过合理营造的内部空间，达到空间使用者的创造力、活力和潜能的最大释放。

一是室内建筑手法的创新。科研楼的核心为实验区，其三大功能块为实验室、实验支持房间和实验办公。项目采用了全新的组合关系和使用流线，完全满足了三大功能块的有机结合，大大地提高了实验的效率，公共设备的合理使用和管理，人机的要求以及人文关怀。室内空间和建筑空间同步雕琢，内外空间穿插渗透，使整栋建筑的功能与外在的建筑形体达到完美的结合。

大堂为长方形空间，通两层高，大片的落地玻璃幕墙将室外景观尽收眼底。几何体快互相穿插的墙面处理手法，体现了企业高效、高技术的文化底蕴；由斜切面、镜面和各种植物组成的主景墙，生动体现了生物农业科研机构的企业文化，成为大堂设计的一个亮点。内庭院亦是室内设计的一大亮点，周边外窗主要为大片落地玻璃窗，通过玻璃的视觉通透性，使室内外空间得以相互穿插渗透，增加了室内工作环境的品质。

二是室内设计程序的创新。工程采用建筑、室内、景观一体化设计的模式，为创作精品提供了条件。使得室内空间和建筑功能更准确地表达使用功能和设计意图，

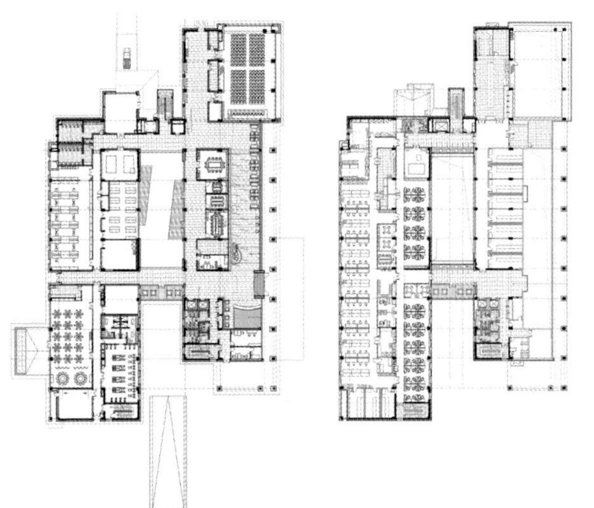

避免了建筑及水暖电专业的二次深化设计，一步到位；采用三维的管线综合进行吊顶设计，避免了管线的“打架”，保证了层高和设计效果的落实；保证施工的顺利进行，节省了工期；较好地预控了整体造价，实际施工决算造价与工程概算相差无几。

本项目得到了甲方、使用方、管理公司、施工单位及监理单位的一致好评，使用以来，得到了社会各界及使用方同仁的广泛关注。

左1、左2：外景
右1、右3：大堂
右2：中堂
右4：咖啡区

X-Girder Build Design Studio office space

梁筑办公空间

设计单位：梁筑设计事务所
设　　计：徐梁
面　　积：180 m²
主要材料：水泥、钢筋、钢板、枕木
坐落地点：浙江金华
摄　　影：陈乙

"梁筑"的"梁"代表设计师徐梁和他的团队，"筑"是筑造和堆砌更多有趣的空间。名由感而生，设计更是有感而发的事。设计灵感来自生活，来自设计师和跨界艺术家的交流，突发性情感流露出的那些事，可能存在大脑中已好久，突然某一天内在的自然情感、思想、创意都一涌而出，抓上笔和纸信手沾来，线条、空间已跃然纸上。

首先对空间布局做了新的定义，用建筑的思维方式来考虑室内空间关系，用空间的趣味性来替代无畏的装饰，空间整合后自然会形成好的装饰氛围。建筑本身就有一定的特质，和室内相比虽没有太多的语言存在却一样精彩。

在设计过程中，设计师本人充当甲方和设计师两个角色，甲方如何与设计师阐述他要的感觉，设计师又如何去理解、去规划、去创意甲方所要的。甲方认为现在的办公空间不只是工作的场所，它是可以工作，可以社交，也可以 PARTY 的创意空间。无论何时，这里都是大家喜欢的工作场所，上午可以工作，下午可以有茶歇的地方，夜间每个角落都可以拿来聚会 PARTY。这已从单纯的办公空间转变成一个充满新鲜感的可以社交的办公空间。

从入口进来，空间与空间的关系紧密相连，似乎在照应着相互间的功能，同时能让彼此之间产生对话，每一个空间都储存着它独有的功能气质，但并没有破坏掉整体的氛围。设计师把整个方案洽谈区的楼板去掉后做了些改变，甲方希望这里的氛围与众不同，能够享受到自然的阳光、植物、森林，设计师通过玻璃与钢板穿孔的结合，植入绿叶茂盛的榕树，让自然的阳光在不同时间和季节洒进不一样的光片，在树上、桌上、地面和墙面形成不同的光影效果。时而久之，发现它也是空间中最大的一个时钟，提醒着我们什么时间段该做什么了。整个空间最抢眼的还得属于那一片枕木，它贯穿起吧台与天井之间，吧台也随之延续到了那片森林，用不同的方式让两者之间的空间关系更为密切。

设计师希望能营造出一种工业现代感，在这些钢板、钢筋、水泥、木头中提炼出有历史、有故事、有精神的方方面面。所有朴素、陈旧、生硬的原始材料得到重生，材质和家具透露着人文和传统的气息，让历史感的材料与当代设计手法相结合，更让光明和黑暗产生对话。

左：朴素的庭院
右：光影成为空间中最大的一个时钟

左、右1、右2：钢筋水泥透着浓浓的工业风
右3：穿孔的钢板让阳光洒进

Curio Stair of Encounters —— Bloomberg HK Office

邂逅——彭博香港办公室

设计单位：如恩设计
设　　计：郭锡恩、胡如珊
面　　积：267.58 m^2
主要材料：美国白蜡木、预制细石混凝土、电镀黄铜
坐落地点：香港
摄　　影：Pedro Pegenaute

如恩为香港彭博（Bloomberg）办公室设计的内部楼梯空间采用了场域营造中常见的元素：窗户、通道、楼梯和出入口。彭博公司希望能够通过一个楼梯将三层办公空间联系起来，作为内部唯一的纵向通道，促进员工之间的互动和交流。同时，应客户的要求，楼梯的设计在视觉上也连接并呼应了香港的城市环境。项目位于香港彭博公司所在的办公大楼内，周围环绕着会议室、一间录音棚、一个礼堂和一些休息区域。原有的螺旋式楼梯具有强烈的雕塑感，但其结构形式不利于满足每日较大的人流量。项目的挑战性在于，设计师需要在结构的限制下重新设计一个楼梯空间，为员工创造一段空间层次丰富的旅程。

新的楼梯空间容纳了平台、内置座位和能够各角度捕捉到香港城市景观的开窗。如恩采用木盒子的概念重新诠释楼梯的空间形式，刻意避免过分强调维多利亚港的视野，反而将更多的焦点放在办公室内的活动和其他角度的室外景观上。以木元素为主的楼梯空间内穿插着水磨石地面和铜制的扶栏，人们沿着楼梯行走，透过不同尺度的细分空间和开口，邂逅意料之外的视野。内嵌式的 BARRISOL 天花板为室内带来了自然光般柔和的照明。

楼梯空间纵贯三层，如恩为每一层赋予了不同的功能，以适用于对应楼层平面的多样化布局。这段蜿蜒的旅程从 25 层的前台开始，雕刻式的开口将视野聚焦于维多利亚港的风景，大面积的聚集和活动空间、木质围合结构上“挖”出的休息区为这一层的楼梯空间赋予了开放和外向的性格。原有的休息区变成内置的就坐区域，相比于单纯地复原，如恩将这些休息和聚会的功能空间整合起来，用建筑的语言将它们凝聚成一个楼梯空间。细心的人会在休息区内发现许多精致的细

节——木制与铜制的面板打开后露出插电板、镜子和小的置物空间，人们在这里停留的时候可以放下手中的文件和手机、或者咖啡，这些细节在不经意间都照顾到了日常办公的需求。

在通向第 26 层的旅程中，人们可以欣赏到不同的景观。考虑到这一层有彭博的录音棚和会议室，适宜更加内向的空间，从而保证声音和视觉不受干扰。空间被分成两个盒体，在入口处可以看到维多利亚港的风景，沿着通道可以进入另一端的会议室。

到达第 27 层后，楼梯空间变得开放而通透，削减了楼梯的实体结构，大面积的开窗和透明玻璃捕捉了更加广阔的室外景观。如恩在休息区内设置了悬挑式的观景平台，从这里可以俯视到下方的楼层，获得奇特的视觉体验。同时也可坐在这里向窗外眺望，欣赏海港的开阔风景，为这段用楼梯承载的探索之旅画上完美的句号。

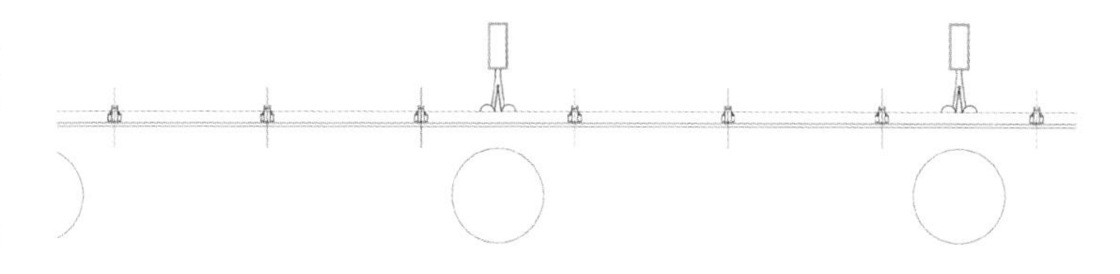

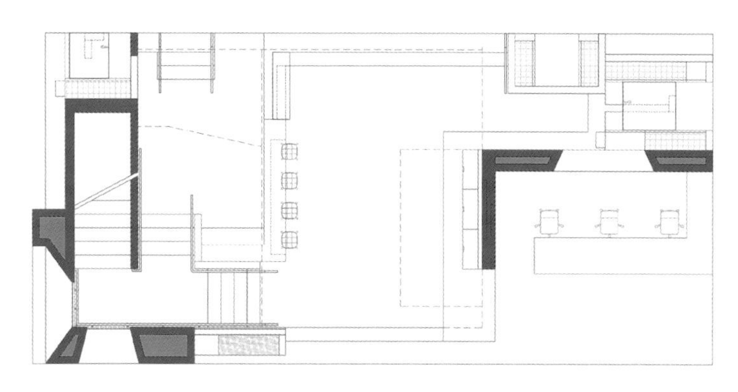

左：采用木盒子的概念诠释楼梯的空间形式

右1：木元素为主的楼梯空间内穿插着水磨石地面和铜质扶栏

右2：俯视下方的楼层

左：楼梯将三层办公空间联系起来

右1、右2：不同尺度的细分空间和开口

右3：楼梯细部

右4：意料之外的视野

Guangzhou YY Inc. Office Building

广州欢聚时代办公楼

设计单位：TCDI创思国际建筑师事务所
设　　计：杨林明
面　　积：30000 m²
坐落地点：广州

欢聚时代办公楼位于广州番禺大道北 CBD 商务区，办公楼层为 23 至 39 层，办公面积 30000 平方米，东临长隆度假区，北处珠江新城，具有极佳的观景角度。办公楼基础设施配备完善，集中了经济、科技和文化的力量，同时具备服务、展览、咨询等多种功能，是一座现代化甲级办公楼。

以欢聚为设计主题，让办公空间充满活力，洋溢着家的味道。

大堂设计萦绕着亲和、舒适、自在的感觉，家居味的软装配饰打破了办公空间固有的冷峻与单调，增强了沟通，将每一寸空间都进行充分利用，具有功能性的简洁线条打造出理性的空间。绚丽的灯光照映出科幻的色彩，功能性与人文性相结合，打造出具有独特品牌形象的办公空间。通过楼梯将层与层之间从纵向上联系起来，每层的楼梯位置既错开又有连续性，在纵向上构成有序的错层空间，起到加强空间沟通、提高工作效率的作用。

以“树”为主题的装置，造型上取消了所有的转构成流畅的线条，以此表达“无限沟通”的理念，墙体采用如年轮般的环形设计，代表企业有着雄厚的根基。多变的色块和光带呈现出流光溢彩的视觉效果，象征无限可能的未来生活画卷。树是大自然的天然屏障，具有亲和力和凝聚力，将此理念引入室内设计中，使得空间更加亲和，人们在此装置下宛如“大树底下好乘凉”，带来惬意的沟通及互动的体验与感受。

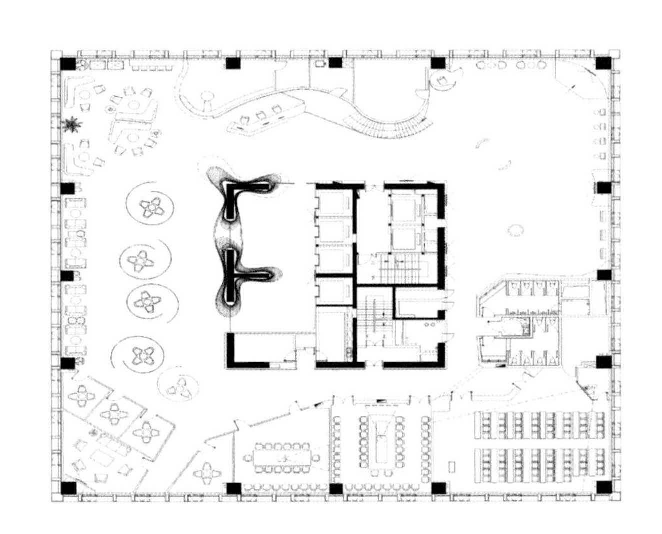

左1、左2：前厅
右1：入口
右2：生命树
右3：玻璃洽谈区
右4：玻璃透光墙

左1、左2：墙体采用如年轮般的环形设计

右：洽谈区

2801

左1：绚丽灯光照映出科幻的色彩

左2、右1、右2：多功能互动区

Conceiving and Blanking —— A construction company's office

构想与留白——某建筑公司办公室

设计单位：哈尔滨深凡环境艺术设计有限公司
设　　计：张奇永
参与设计：关乐、刘佳
面　　积：400 m²
主要材料：涂料、水泥
坐落地点：哈尔滨

建造一处家园，构想一幅蓝图。一个企业的办公场所就是这个企业的家，所有的成长和对未来的拼搏与憧憬都要倚靠这里完成。

建筑安装类行业的“家”更具有一定的意义。他们为这个城市的建设添砖加瓦，潜移默化地改变着这个世界。但他们又并没有很张扬、很高调，只是风里来雨里去，默默地在努力，随项目在工地度过一个个日日夜夜。这样的企业是务实的，更是有追求和企业精神的。在设计初期对原始环境实地踏查后，我们想赋予这个空间一种结构感和包容度，既能展现企业本身的精髓，让室内空间体现出建筑性，又能在一定的范围内合理安排各个功能区域，并且简而精、开阔而不局促。

打造立体感是使空间富有层次感和建筑性的好办法，承上启下的楼梯是非常好的载体。设计师为空间设计了一部独一无二的楼梯，作为点睛之处，无论从样式到选材，从颜色到质感和细节，都是独家定制。虽没有华丽的装饰，但搭配在其余大部分留白的环境中，却是最好的装饰物，它是建筑的语言，言简意赅。

总经理办公室降暗了色调，体现出现代与沉稳，符合企业的特点，经典家具的选择也更加凸显出品位与细节。

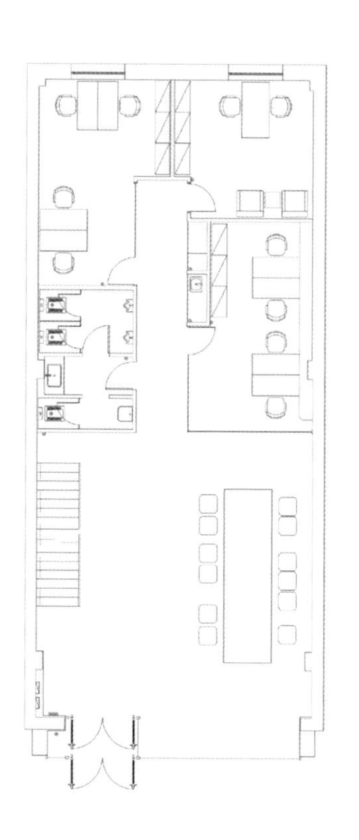

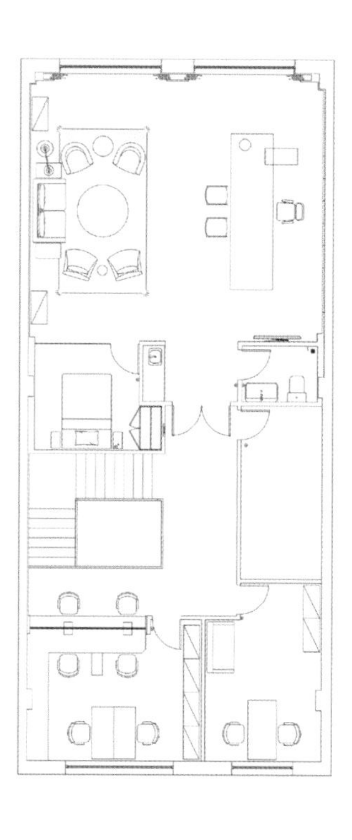

左、右：承上启下的楼梯独一无二

左1：灰色调中的红色椅子

左2、左3：精而简的室内空间

右1：楼梯是建筑的语言

右2：走道端头

右3：沉稳的总经理办公室

Dabu Liyuan

大步里院

设计单位：古木子月空间设计
设　　计：李财赋
参与设计：赵铁武、胡荣海、潘宏建
陈设设计：胡荣
面　　积：2000 m^2
坐落地点：浙江宁波

2015 年岁末，遇见了这个蒙尘四年的院子，在这个快被城市遗忘的角落，建起了一个有树、有水、有茶、有人的院子。作为一个室内设计师，最初只是想要找一个办公的地方，机缘巧合才被朋友带到了这里。第一印象不是很好，积水浸泡着满院子未清理的垃圾，地上有些泥泞，老房子却被涂得花花绿绿，墙上是一个个的窟窿，非常难看。而且此地虽地处市中心，但旁边是喧闹的菜市场，停车也不方便，严格来说作为办公场所并不是很合适。就在回头准备离开的时候，看到了一只蹲在院子里老槐树枝丫上的猫，目光对视的一刹那，仿佛冥冥中与这个院子有了感应，沿着树枝看到了窗上的砖和拱，看到了铺满落叶的屋顶，那一刻，似乎心底里有一根弦被拨动了，改变了主意，决定搬到这里。

拿下了整个院子后首要考虑的第一个问题就是这个院子要做成什么？相对于公司的规模，这个占地 2000 平方米的院子明显太大了，办公所需只要其中的五分之一就够了，剩下的给了合伙人。合伙人是教育培训领域的专家，于是把其中一块开辟出来作为培训的场所，于是有了教室、音乐室、琴房、书房，这么多人在这里学习，就要有吃饭和聚会的场所，于是又有了咖啡厅和茶室。一点一点，因循最本真的需求，大步里院的规划逐渐清晰起来。

规划出来了，实施的过程却并不轻松，甚至有些痛苦。老房子的改建是很困难的，墙体、砖、院子、图都需要改过，但是哪些拆除、哪些保留使设计师备受煎熬，随着那些破旧的表皮一层层地剥开，发现这个院子的历史远比之前了解的更加丰富和久远，改建的工作也远比之前想象得要困难。因为院子比外面的道路低大概 50 厘米左右，所以排水成为第一要务，而院子原有的排水管道已经破损得不成

左1、左2：夜景
右1：小景
右2：古意盎然的庭院

样子，为此专门请来专家，并找到相关部门，重新开挖，把院子的排水和市政管道连上，建了水塘，用循环水做景观。

改建的过程中也有惊喜，在拆除那些已经废旧的隔墙和天花装修时，房子的本来面貌逐渐展现在眼前，开放的空间，交错的角梁，漂亮的拱券，代表了东西方文化激烈碰撞期的民国建筑体态。而随着这幢房子的后人来到这里参观，以及周围邻居老人们的讲述，小院精彩的历史也逐渐露出水面：这是一幢有着百年历史的民国建筑，新中国成立后原主人捐献给了政府，成为办公的地方；这里曾经有个水塘，是周围孩子们夏天嬉水的地方……或许一切都变了，就像当年的小树苗已经变成现在的老槐树一样，但幸运的是，这段历史从掩埋的尘土中走了出来，建筑的深度和历史的温度让院子有了触动人心的力量。

已经没法用一种空间的类型去定义它了，这里遵从了最真实的内心和最原始的需求，就像一块璞玉自然而来，设计的灵感和元素，甚至材料，都可能来自于一段偶遇，一次邂逅。院里的碎陶片从山中来，设计师将废弃在山里的破酒缸搬来，铺出了一地的陈酿。那山墙，仅仅是一面之缘的邂逅和感动，请教了山里的老农，依着他们的做法，在水塘边垒起，消去了门口飘来的市侩。

可能是对浪漫自由的向往，也可能是院子本身气场的引导，生活的情趣藏在这个街角巷尾之中，市场里小贩的叫卖，公园里老人的弹唱，滤过了这道院墙，便只剩下朴实的美了。在大步里院，建筑原有的印记和人的痕迹，成就了空间的丰满。如缘而行，依着树的年轮，墙的斑驳，忘却的历史，写进了忘不了的里院。

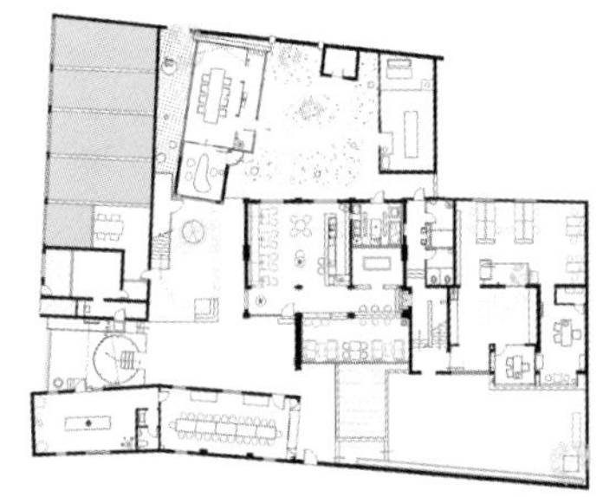

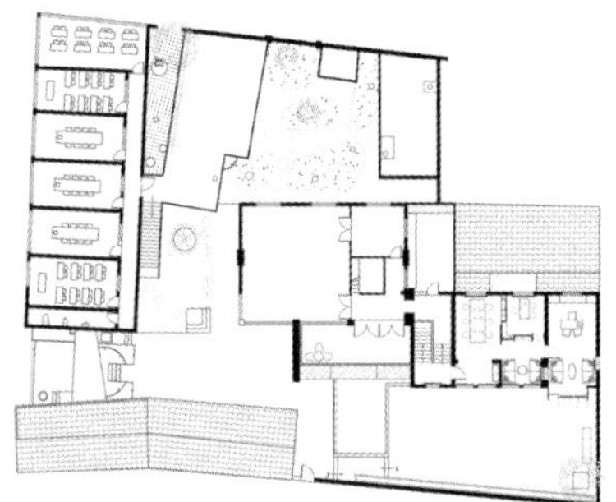

左1、左2：这里有各种空间的类型
右1、右2：办公区

Office model houses in Poly International Center

保利国际中心办公样板间

设计单位：广州普利策装饰设计有限公司
设　　计：何思玮、梁穗明
参与设计：罗品勇、黄文带、汪博、杨亚会、丁淇、林梓彬、洪俊能、陈远淼
面　　积：660 m²
主要材料：木饰面、夹胶玻璃、烤漆板
坐落地点：武汉
完工时间：2016年9月

保利国际中心办公空间演变成共享之地，创新未来的办公形态。在开放模式下，办公模式以纯粹而例外的设计呈现，以开放替代封闭，空间不再服从于某种结构，而由我们互动的建设而成形。发光体块镜面打破了沉闷，形成通透的科技感。打破实体墙的交融性，去除低效刻板的印象，营造出对外开放、自由随性的空间感，透明开放的模糊介质隔断达到空间过滤的效果。

办公桌以没有边界的形式来鼓励交流。各种各样的会议空间可以是正式，也可以是随意的，为人们的工作创造不同的格调，增加工作效率性和创造性。墙体、天花和办公台串联而成，创造出流动性来注入空间，打破传统方格的办公位置，构成积极创新的对话，鼓励互动，迎合不同人群的社交需求。这种空间中所蕴含的既有无限抽象的形式，又为人们提供了多样性的办公场所。当这种形式和多样性重合在一起时，作为办公场所新的愿景就诞生在其中。

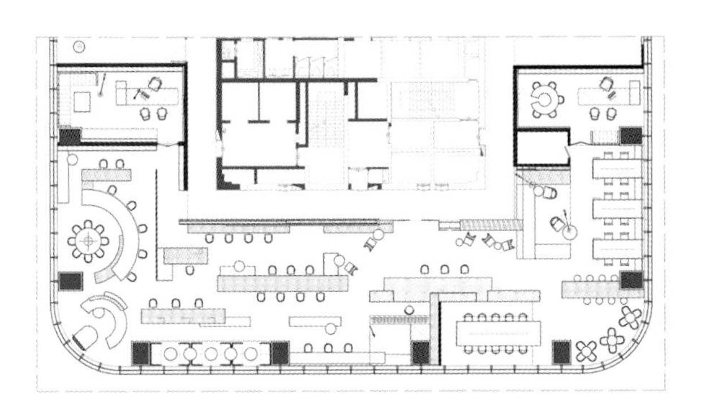

左：前台
右1：发光体块镜面打破了沉闷
右2～右4：空间细部

Management improvement activities.
Group maintain the advanced nature education activities.

The software must be available before it can be reused

左1、左2：开放性的空间
右1～右3：通透的科技感

YOUR POTENTIAL

TH
YOUR POTENTIAL

Zhizuo Plant Studio

止作植物工作室

设计单位：YAO LIANG建筑空间设计事务所
设　　计：姚量
参与设计：张聪、陈若晴
面　　积：430 m^2
主要材料：建筑灰瓦、石材、杉木、钢化玻璃、万通板、钢板
坐落地点：温州
完工时间：2017年5月
摄　　影：徐宁龙

止作设计的方法上是先在占地面积的整体上做了植物的布局设计，因为是热带植物主题工作空间，我们把一些需要在植物棚养护的热带植物预设在一个由五个方型的、不同坡屋顶组成的建筑空间内，使之最终呈现的景观植物的关系是室内外融为一个整体的。

建筑主体分为入口过道、主植物棚、成品展示区、植物种植工作区和户外休息区。主要建筑材料是当地石材、木材、瓦和大面积万通采光板，不同尺度和坡屋顶的单体空间组合后呈现不规则的建筑形态，以符合当地周边的多层次复杂地形。

做为花岗村整体村建项目中的一个部分，我们既希望这个空间具有独特明显的主题，又保有这个建筑空间是从土地里生长出来的感觉。

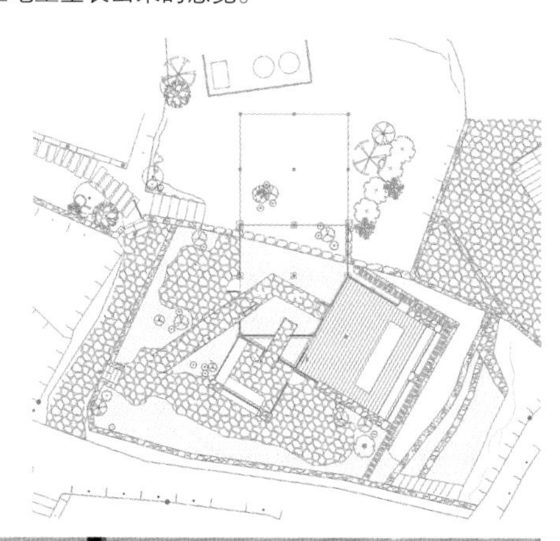

左1：外景
左2：走道
左3、右1：顶部是大面积采光板
右2、右3：工作室细部
右4：不同尺度的坡屋顶

Zen - Etiquette Institute

禅·意——礼园

设计单位：盐城市张仕松装饰设计工程有限公司
设　　计：张士松
参与设计：接传高
面　　积：1460 m^2
主要材料：清水泥、青砖、旧木板、老家具、钢构玻璃
坐落地点：江苏建湖
摄　　影：潘宇峰

走进它，一切恰如其分，岁月定格在质朴的似水流年。“礼园”，这是一个充满禅静意味的专业设计办公空间，传达“与自然共生”的设计理念。

空间整体划分为室内与室外两大区域，室内以怀旧作为视觉的第一元素，将20世纪70年代家庭及教室使用过的原木方形窗、老木门等作为空间开启，各种古朴的摆设反转潮流，流露出一种清简的气息与浓郁的艺术韵味。透过玻璃与竹帘，隐约可见户外的香樟红樱、黄芽绿萝、瓦罐石槽、亭台水榭，与室内隔而不断，浑然一体。

户外空间取名“礼园”，意味着置身滚滚红尘而不忘初心，始终遵循品德的洁净，自留一片清净天地给设计、给艺术、给生活。空间体验的本意应该回归到禅意本真，设计中没有设计，修饰中忘了修饰，无言中时刻对话。

一直想过这样的生活，一个空中院落，扮成世外桃源。倦了，闲了，就在院子里看花开花落，阳光西斜，看新月如钩，星辰满天。你们来了，一起听雨，听禅音，读闲书、品茗、闲聊，纵情自我。心有礼园，处处皆是水云间。

左：入口处
右1、右2：古朴的摆设
右3～右5：室内室外隔而不断

左1、左2、右1：以怀旧作为视觉的第一元素
右2：浓郁的艺术氛围

Ship Development and Shipping Research Building of China Shipping Container Lines Co., Ltd

中海集运船研航运科研大厦

设计单位：上海现代建筑装饰环境设计研究院有限公司
设　　计：王传顺
参与设计：朱伟、焦燕
面　　积：20150 m²
主要材料：烤漆玻璃、铝板、乳胶漆、木纹石、大理石
坐落地点：上海
完工时间：2016年12月
摄　　影：胡文杰

中海集运船研航运科研大厦是建筑与室内设计语言的融合，充分体现公司信息化、智能化的特点。室内装饰元素得以统一与贯彻，有效提升中海集运国际化品牌形象。 室内功能空间规划合理，体现世界一流国际化的公司风格。 室内人性化配套设施的设置，为员工创造人性化的办公环境

风格定位于现代简约，体现具有人文精神的现代高端商务写字楼特质。设计以"上善若水"为主题，以"水"为设计灵感，将以水为母体演变而来的水波、水珠、浪花经过抽象概括运用到整个设计造型之中。同时兼顾到室内风格与建筑造型、周边环境、企业文化的相呼应，表现中海集运的发展持续性、战略长远性、文化传承性以及目标延续性。上善若水，同时传达出中海集运紧紧围绕"海"这个中心，秉持"诚信四海，服务全球"的核心价值观。

考虑到原建筑平面规整，室内布局上以人性化为出发点，将采光、通风条件较好的四周空间布置为员工办公区，采光通风偏弱的中间部位用作附属空间，既方便交流，又减少互相干扰。材料选择上注重节能环保及考虑到工程造价，地面以橡胶地板、仿石材玻化砖、木纹石为主，墙面以乳胶漆为主，顶面以发光软膜天哈、铝板、石膏板为主。整个设计风格现代、简约，既突出现代企业大办公的特点又很好得与企业深厚的文化底蕴相结合。

左：建筑外观
右1：三层入口接待台
右2：标准层

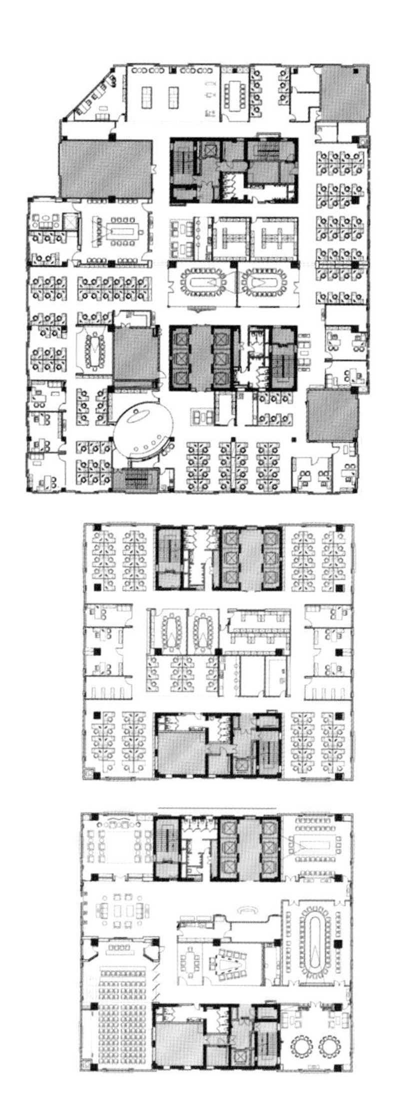

中海集装箱运输股份有限公司
China Shipping Container Lines Co., Ltd.

左1：标准层走道
左2：一层电梯厅
左3：领导休息区
右1：贵宾室
右2：多功能厅
右3：卫生间

Rhyme · Office space

韵域·办公空间

设计单位：南京丛氏空间设计顾问有限公司
设　　计：丛宁
面　　积：700 m²
主要材料：地砖、玻璃、橡木板、黑白根石材、白人造石、不锈钢
坐落地点：南京
完工时间：2017年5月

几何是研究空间结构及性质的一门学科，在建筑空间中所呈现出的形式美更像是空间表现所特有的图腾符号。而本案设计师对空间的几何美学有着自己独有的感受与表达。在满足功能需求的前提下，将空间打造为整体又富有变化，动态又充满形式美的办公空间。变化、律动和对撞呼应的视觉冲击感受，将建筑空间与几何美完美的融合在一起。

设计中主要采用点、线、面的几何设计手法，以及黑与白为主的经典色系搭配，而空间设计的主材以瓷砖、乳胶漆、人造石、玻璃等为主，充分体现了现代、简洁、环保节约的设计理念。

设计师打破常规中正、对称的模式以及实隔的设计方式，采用斜切式的出入方式，入口处的顶面至地面采用不规律式线条交错的造型，加上隐藏灯光的配合，以及几何式的白色接待台，给人震撼的视觉冲击感。空间的主要界面采用两种处理方式，一是以几何折纸的手法将墙面做成不同起伏的几何面，而相对面则采用舒缓自然的曲线式造型墙面，配以不同形态和大小的镂空圆，以暗藏灯带与之呼应，形成巧妙的光影效果，顶面则是采用斜线切割的方式并配以灯带。

整个空间以多样变化的形式相互对比、相互碰撞和融合，在实与虚，正与斜，直与曲，黑与白之间相生相惜。而空间中写意的软装搭配，让整个空间处处传达着舒适、自然、唯美的感受。而其余的空间采用简洁明快的几何面处理手法，没有华丽的装束、没有奢华的装置，每个空间在几何形式的变化中让人体会到空间变幻与艺术表达的魅力。也更印证了本案设计的真正价值。

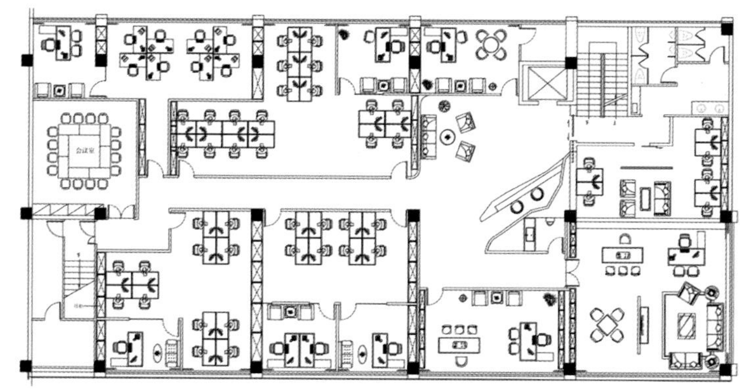

左、右2：几何式的白色接待台
右1：舒缓自然的曲线造型墙面

BIGTIME
东方邦太
叢氏空間設計顧問有限公司

左1、左2：墙面采用两种处理方式

右1：经理办公室

右2：员工办公区

U-CUBE Jing'an Temple · West Nanjing Road CBD Shared Office Space

U-CUBE静安 · 南西共享办公空间

设计单位：CROX阔合
设　　计：林琮然
参与设计：李本涛、姚生、李镯、朱瑾慧、林森
面　　积：4200 m²
主要材料：木材、玻璃、黑钢板、石材
坐落地点：上海
完工时间：2017年2月
摄　　影：王基守

随着人类文明进展，现今的网络思考改变着生活样貌，世界的产业型态从单一化走向复合式，跨界合作与创客潮流的思维催生了“共享办公室”的概念。上海 U-CUBE 因产业的多样性与空间的需求，建筑师打破传统办公室的空间界线，以“集合分享，自然生活”为出发点，将整体空间打造为多样化的共享办公形态，塑造出凝聚上海特有的艺术、文化、时尚、设计、商业等多维度，以创新思维重新定义空间的使用界限，产生别具一格的设计模式。

集个别的量化。现今共享办公室的潮流设计由西方主导，西方的工作形态较为开放式，而在东方，仍有许多人习惯拥有私人的工作场域。U-CUBE 不同以往针对个体的西方共享办公模式，不刻意植入过于独特的工作形态，目标族群主要针对小型创意公司，定制出适合以公司为单元的共享空间形态，让企业能自由进行私密与共享间的交流与切换，规划的空间功能最大可能集约出大众需求，加以转变成可操作的设计元素。如平均计算一个人一天所需要的新鲜空气量与室内湿度，而在一楼入口处放入对等面积的植物墙，搭配调节干燥气候的水池；预设中午用餐的最大人数，转换为多人同时使用的多功能餐厅，而夜间可转变为共同交流的酒吧；可配合弹性隔断与大厅空间开合成一体使用的活动空间，互相联动，提供演讲、沙龙及公共展览等用途，让 U-CUBE 成为能给社会带来价值的公众平台。

复合的工作场域。近年共享办公空间当道，许多工作者厌倦传统办公室的严谨氛围，向往如咖啡厅般惬意的工作环境。因此建筑师希望能够容纳不同需求的工作

者，有如上海这座城市海纳百川般的包容性，承袭此地的文化风情，创造出如艺术旅店般令人放松的环境。U-CUBE 包含两个楼层，一二楼加设了夹层，迎合创意人才对跃层的偏好，也让空间更有层次性，对内考虑不同人群的讨论需求，散布了不同大小和风格的会议间，让创意发散在各个角落，人们可以按照不同心情与人数来变换讨论空间。一楼为大会议与聚会使用，二楼则强调轻松的讨论，以流畅的大阶梯打开不同公司间的交流通道，飘浮在空中的蛋形体扮演着积极正面的社交角色，最终经由缜密计算达到空间的舒适，理性量化后转为感性自然。

前卫自然的观点，以“水舞”为概念在都市丛林内置入创意的动感形式，蔓延出前卫自然的设计，让设计巧妙结合在动线与氛围营造之中。入口开始是钢管构成舞动的自由网线，串接起上下楼层，让普通不过的手扶梯竟也成为创意焦点，带来韵律般的飘逸感受。一楼墙体以白净素雅的基调与水纹石材地板的分割为基础，结合原木、毛石、绿植等材质在建筑体内呈现清新多元的体验。二楼随着钢网的端点再汇集成创意的原点，蛋形体内承载着创意的想象，悬空设计宛如置于气流中般放松。周围借由整体曲形墙的转换，把共享流淌到楼层各个角落，增添了放松的疗愈之感。

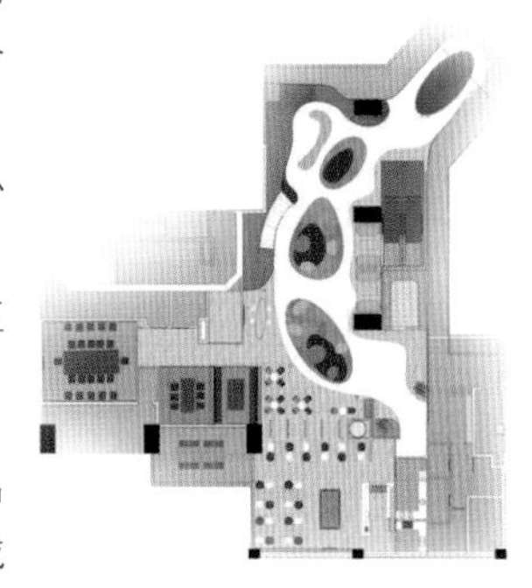

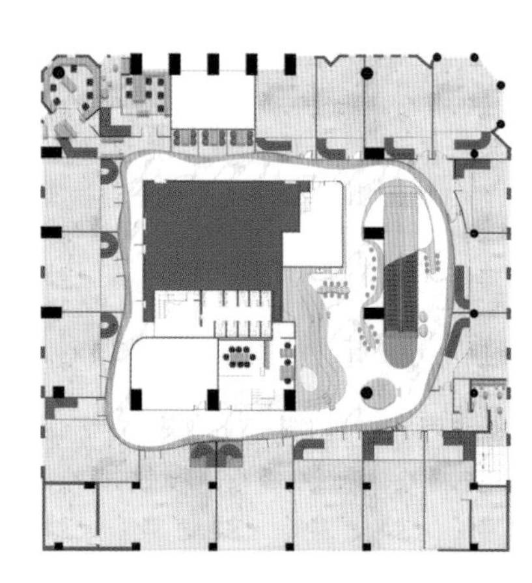

左：钢管构成舞动的自由网线

右：飘浮在空中的蛋形体扮演着积极正面的社交角色

U-CUBE
U-CUBE
U-CUBE

左1、左2：白色流畅的大阶梯
左3、左4：白净素雅的基调
右1~右3：多元化的空间体验

Atelier Peter Fong

盒里盒外

设计单位：Lukstudio芝作室
设　　计：陆颖芝、Alba Beroiz Blazquez、区智维、蔡金红、黄珊芸
面　　积：250 m^2
坐落地点：广州
完工时间：2016年9月
摄　　影：Dirk Weiblen

在广州天河区一个老住宅楼下，我们将空置的城市边角改头换面成为Atelier Peter Fong：一个工作室与咖啡馆。一系列的白色体块将原本凌乱的场地净化，创造出引人驻足的宁静空间。

建筑外部，飘浮轻盈铝板将白色体块归于其下，又像一条线划出新旧交界。三个并列白色盒子由内穿出，构成统一外立面。而盒子间留出的“之间地带”如同城市街巷的延续，吸引着过路行人。每一个白色盒子都包含着不同功能：咖啡厅，“头脑风暴”区，会议室和休闲区。盒子“之间”以暖灰色调处理，顶部呈现原有结构，与纯白盒子形成对比。

根据对功能需求和周边环境的细致推敲，在体块里外“雕刻”出不同开口与凹凸。大的开口将咖啡厅里外贯通，并将窗外绿景框出。在室内，局部挖空的天花板与木饰面壁龛营造出亲近舒适的气氛。同样的手法也应用于办公空间入口，三角形门厅的底部留空而成一个静谧的禅意山水，它不但是内部办公的景观焦点，也在视觉上将室内外空间连接。材质的运用进一步定义空间。平滑的白色墙壁与水磨石地板占据了主要公共空间，如同画布捕获着光与影；半透明墙面在公共咖啡馆与工作场所间造成微妙联系。

通过咖啡文化与联合办公相结合的模式，将一个现代概念的社交模式融入到寻常邻里中。一个被遗忘的城市边角通过设计成为社交热点，这脱胎换骨的转变诠释了建筑的介入可以如何为城市注入新活力，激活社区再发展。

左：外立面
右：咖啡区

ESPRESSO BASED
HOT
ICED

左：咖啡室
右：工作室

SI-PU NABE

聚酒锅

设计单位：古鲁奇公司

设　　计：利旭恒、赵爽、季雯

面　　积：750 m²

坐落地点：上海

完工时间：2016年11月

摄　　影：鲁哈哈

整个餐厅无开敞散台用餐区，取而代之的是一个个大小包间，各有特色，有可容纳 2 人小包间，适合情侣约会，也有 4 人包间适合闺蜜聚餐，更有 10 人家庭间。餐厅主要定位亲朋好友聚会而非商务宴请，所以小巧亲切而舒适的空间更为切题。人们普遍偏爱靠窗的座位或包间，为了让餐厅中间区域令客人满意，将中间区域的卡座透过装置艺术方式，打造成一片竹林般的卡座区。

卡座区为了与包间形式有所区别，设计师设想了多种方案，如围合工具、围合形式等，希望通过特别的屏风打造不一样的体验感。经过不断推敲，最终选用了深浅不一、弯曲木条组成的半围合形式，形成了半包型空间。这样使整个空间更有节奏感和通透感。各个包间的规模不同，私密程度不同，内部的家具也分为榻榻米式和座椅式，满足不同需求。

左：入口处
右1：灯饰
右2：接待台
右3：过道

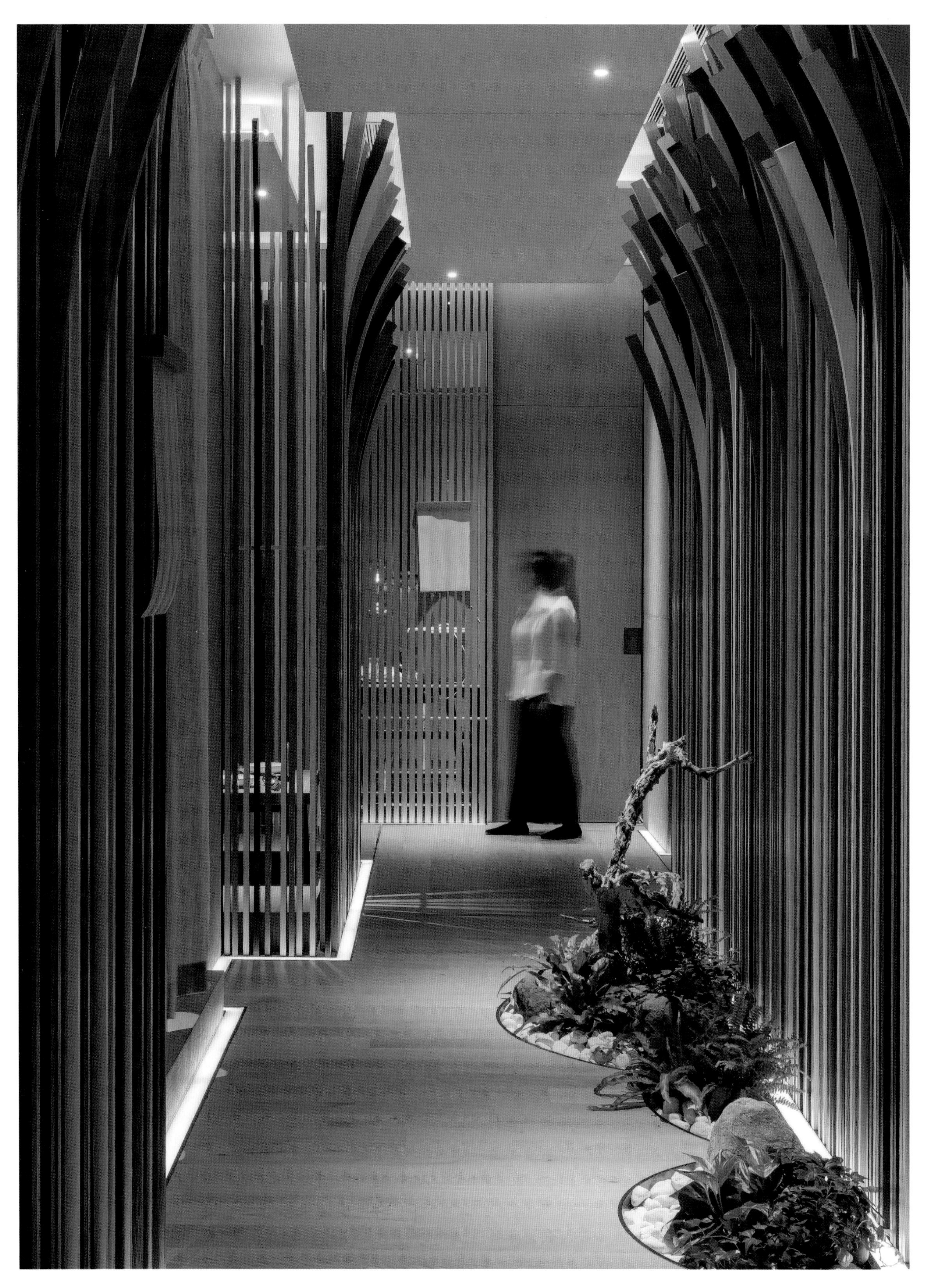

左：餐饮区过道
右1：卡座区
右2：家庭间
右3：卡座局部

Setsugekka Japanese Cuisine

雪月花日本料理

设计单位：上海黑泡泡建筑装饰设计工程有限公司
设　　计：孙天文
参与设计：曹鑫第
面　　积：1300 m^2
主要材料：涂料、玻璃、榻榻米、“光”
坐落地点：长春
完工时间：2016年11月
摄　　影：张静

看看我们所生活的城市，就该知道设计师们热议的“地域特征”究竟有多少含金量。无论多么精天辟地的概念与定义，最后大都会沦为对“形式”的诛伐，我们可以拒绝任何形式的理论和观点，但却无法拒绝来自其生存的建筑、居住的室内所带给你的潜在影响，相比之下似乎“传达什么”比争论“这是什么”更有意义。

项目基地在东北，地域特色“红绿大花布”似乎成了约定俗成的“代言”。以“适当”这两字提醒自己诚实的传达，至于传达出的到底是属于哪种设计风格？是否够有冲击力？能有多高的境界和深度？属于什么级别的作品？能否获得业界的认可和好评？我已经没多大兴趣去追究了。

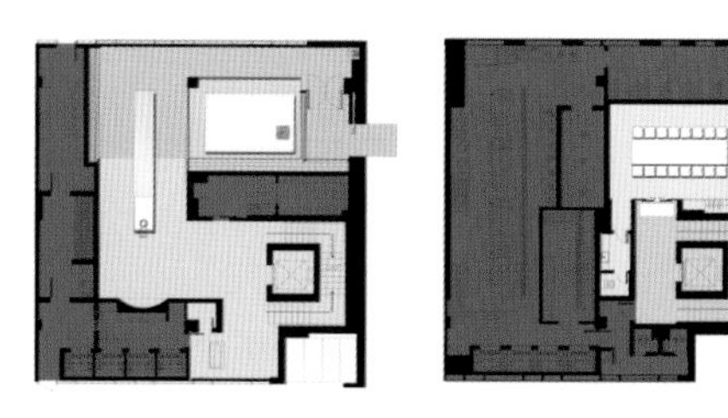

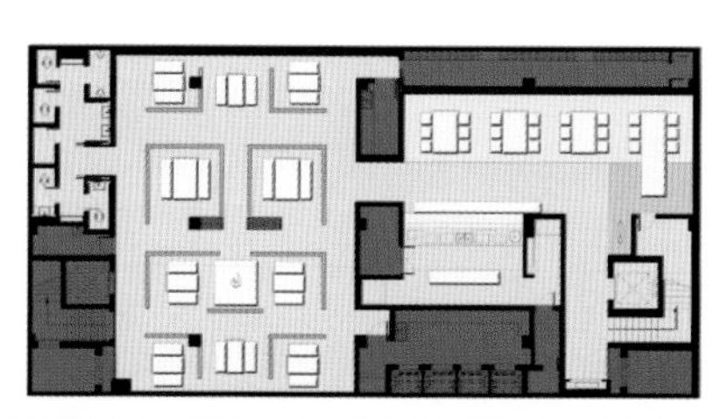

左：建筑外立面
右：空间局部

左1：包厢区
左2：茶歇区
左3：公共区域
右1：工作区
右2：卡座区

East & West restaurant

东西餐厅

设计单位：水平线室内设计有限公司
主 设 计：琚宾
参与设计：潘琴超、胡曜、胡凯、刘小琳、雷星月、赵宇梦
面　　积：148 m^2
坐落地点：深圳
完工时间：2017年3月
摄　　影：井旭峰

“东”“西”是个好词，含方位代五行，囊括空间概念、文化属性，还泛指各种具体或抽象的人、事、物……素竹栏杆，暗沙庭院，五人合抱粗的大榕树伫立眼前。这是进入后的确切模样，当然这景象站在做旧的“东西”钢质门牌外也能隐约瞧得见。无论进来多少次，我仍然喜欢这竹钢做的入户装置的很，镂空、曲折，不强硬不生分，不刻意制造距离感，于是广纳各种气息，于是更能通幽。

我对夯土墙一直有感情，除却暗含文化底蕴、历史悠久、生态环保、防水抗震、耐久等外，主要还好看。这是能与空气同呼吸，与时光共韵律的材料，摸着“东西”的外墙壁，我能感受到来自大自然的力量。

“东西”不仅仅是字面意思，其就是分为东和西两边。除了东学西渐，还能在东西对景里将东边的透漏玄机和西边的建构方式来东张西望。手工门把手是特意定制的，墙体内镶嵌的光条是体现与打破常规韵律的关键，内里或外部的各种装置是根据空间关系所需，转化成为艺术视觉的动因。还有看着随意实则根据美学拼贴的墙面模式、裸露了单肩没收口的柱子、灯的形状和灯上面缘于基弗展览的树枝……我很喜欢这些小细节，所有的感受都是源于对设计、对生活的热爱。体会这从东到西的丰富和小中见大的视觉经验感受，或许会惊讶此处仅仅只有 100 平方米的面积。

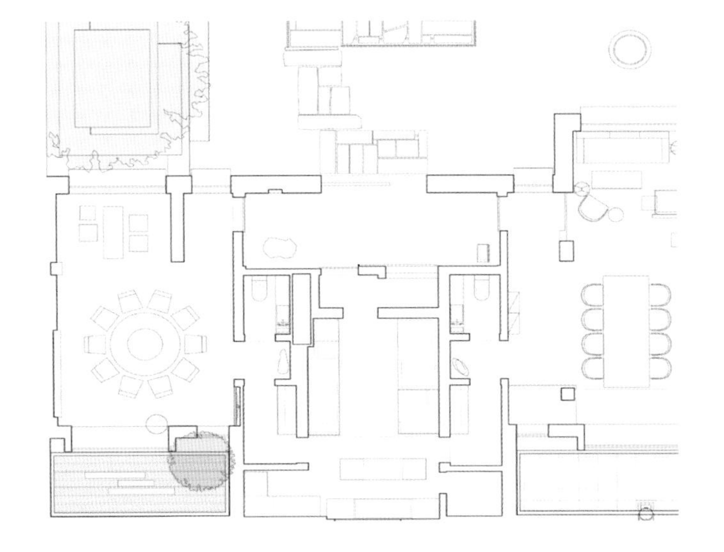

左：入口过道
右1：外景
右2：入门小院

左1、左2：细节
左3：包厢
右1：茶台区
右2：包厢

Sakuragi Japanese Cuisine

樱木日本料理

设计单位：洪约瑟设计事务所
设　　计：洪约瑟
参与设计：Eric Li、Mitchelle、廖波、杨国辉
面　　积：220 m^2
坐落地点：香港湾仔

正如谚语所言“一寸光阴一寸金”，本店是旧店翻新，客户希望用最短的时间和花最少的钱来装修，以便尽早二次开业。设计师最大可能的保留了原来室内装修的吧台、吊灯等，三个吊灯垂直管道被保留和改装配合新设计主题，以及作为一个天花板的特征。空间主题是蓝色调，并配合温暖射灯让原来金属吊灯融入到新的设计气氛中。现有的窗户安装，设计师将格栅板和窗口的高度调整到适宜的尺度，让垂直格栅背景配以透光片，用最简单的灯光手法营造出日式的就餐氛围。

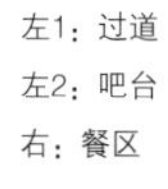

左1：过道
左2：吧台
右：餐区

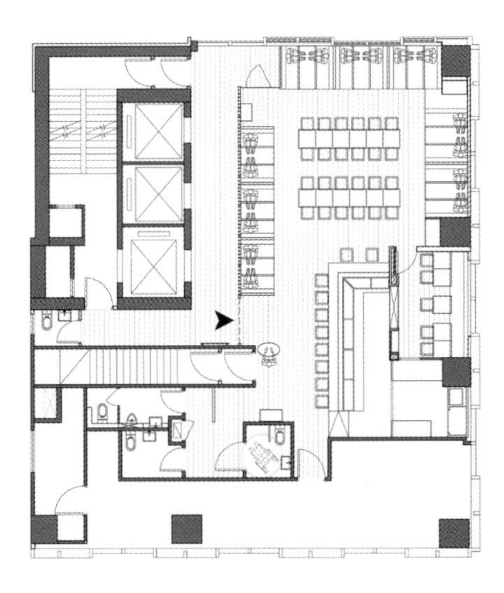

Door Stove Visit

登门灶访

设计单位：正反室内设计咨询有限公司
设　　计：王琛、蒋沙君
面　　积：305 m^2
主要材料：拉丝碳墨木板、明代瓷片、糯米灰白腻子、火喷钢板
坐落地点：浙江宁波
完工时间：2017年
摄　　影：王飞

"食色性也"，吃对于中国人有着非常重要的意义，它囊括了我们对人、事、物的哲学观。登门"灶访"的一天大概是这样的，灶台上喜悦且忙碌的双手伴随人来人往欢声笑语，它所表达的正是中国对食文化的解读。

"登门'灶访'只为你家一碗吃的"，朴实而真诚的一句话在幽暗的路灯下格外显眼，我对过去很有感情，那时，打开窗会有带着阳光味的微风，邻里之间就像家人没有隔阂。而"灶访"通过开窗把室内与室外联系到了一起，卡座区块的手绘山峦构成了一个有趣的虚实关系，从户外看室内，窗外犹如群山环绕，清晨的雾还未散去。在空间内部眺望，行人来来往往，或相视一笑，或唠唠家常。室内延续了建筑用材，带有烹饪痕迹的黑钢板贯穿了整个空间，卡座区采用了碳化木板，把灶台中的木炭元素进行了解构再重组。不经意间，看见兰花碗碎片融于水磨石地面中，继续经历着属于它的历史。

登门【灶访】只为你家一碗吃的

左：外景

右：空间透视

左：餐区

右1：工作区

右2、右3：细节

Luxi Ganzhou Hakkas Dishes

鹭溪赣州客家菜

设计单位：深圳谭宇霖室内空间设计

设　　计：谭宇霖

面　　积：2000 m^2

主要材料：仿古砖、冲孔钢板、竹编、艺术玻璃

坐落地点：江西赣州

完工时间：2016年9月

摄　　影：七爷

很多人一提起客家，想到的是梅州、河源和福建，其实赣州客家文化底蕴深厚，源远流长，其辖区龙南县客家围屋数量、规模乃全国之最；世界各地的客家乡贤乡亲，最想了解的客家历史、客家文化和客家民俗民情，在赣州都能得到充分的体验和满足。在赣州不仅可以随处听到客家乡音、采茶戏曲牌和优美的客家山歌，而且还可以随处品尝到风格各异的客家菜肴和风味小吃。

本案构思历经“翡翠吹翻荷花雨，鸬鹚飞破竹林烟”的儿时憧憬，到“时沽村酒临轩酌，拟摘新茶靠石煎”的中年浪漫。儿时暑假回到的“老家”，是一座回字形的客家围屋，大门前一口池塘，时有村民洗衣涮菜于亭亭玉立的荷池前，清晨偶有一种花斑羽毛的水鸟飞过，穿破轻纱般的晨雾，消失于远处的竹林。中午时分，村里小店总是有三两中年汉子，就着一碟沾着细盐的油炸花生米，悠哉地在一群小屁孩馋馋的眼光中抿着散装自酿白酒，如此美妙的画面一去不复返，只是偶尔梦中会出现。做此案聊以慰藉心中这一情结吧。本案传承客家文化元素之精髓，运用现代时尚、自然休闲手法表达，融入质朴自然元素，又不失精致现代的设计语言。

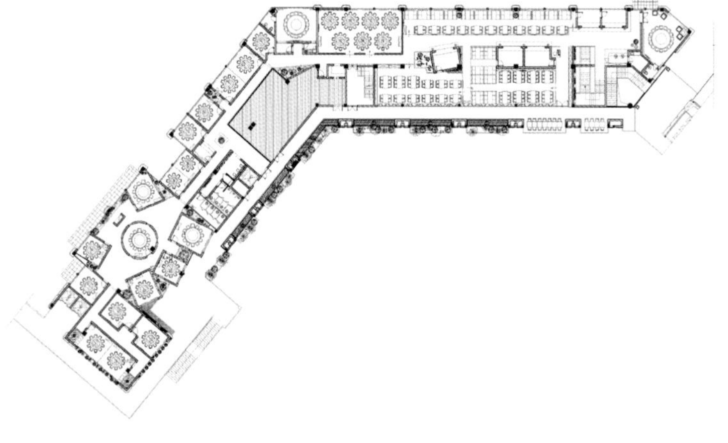

左：外观

右1：入口

右2：博物馆

赣州
客家饮食文化

左：用餐区

右1：围屋包房

右2：大包房

"Double Third Day" Sichuan Cuisine

“三月三”川菜料理

设计单位：一诺诺一设计顾问有限公司
设　　计：赵 鑫
参与设计：李经纬、田鑫、赵敏
面　　积：500 m²
坐落地点：太原
完工时间：2016年12月
摄　　影：刘育麟

四川的“川”字带给我们很多灵感，餐厅外立面及大厅天花运用了很多铝制条板，经过精心设计，把很多“川”字多重排列与重新组合，以阵列方式达到无序中有序，从而体现山川叠嶂此起彼伏视觉效果。另外，我们费尽心思找到一种稀有火山岩，经过切割、重组、排列大量运用到餐厅立面装饰，体现“山城”肌理质感。地面材质，我们找来懂得传统工艺做法的老师傅精心制作出水磨石地面，和回收的旧木地板镶嵌结合。整个空间不经意的穿插迂回的红色玻璃隔断，就好像散落在不同角落里的一串串红辣椒，既起到了空间分隔作用又有画龙点睛之神效。

卫生间设计是此案一大亮点，大胆突破传统卫生间呆板与固化，特立独行设计了五个像太空舱似的装置，加上天花上的影像系统流淌着星空的画面，置身其中仿佛穿越到外太空虚幻之感，同时又和餐厅整体空间形成了强烈对比和反差。

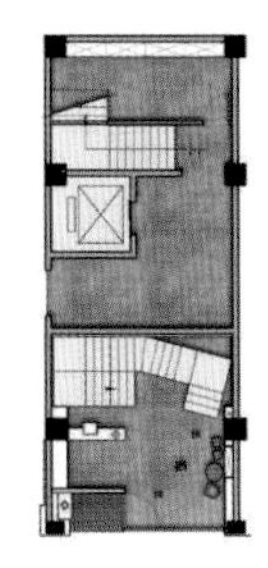

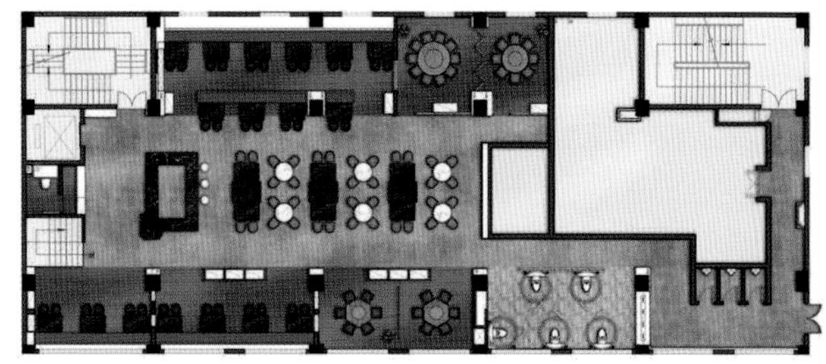

左：外立面
右：一层接待区

左：散台区

右1、右2：包间

右3：代谢仓

代谢仓
toilet

Chez Shibata Xizi International Store

柴田西点西子国际店

设计单位：内建筑设计事务所
面　　积：150 m²
地　　点：杭州
完工时间：2016年12月
摄　　影：陈乙

柴田武出过一本书——《柴田武的法式甜点》。他在书里有这样一个观点："甜点若不能为顾客带来惊艳的感觉就没意思。"柴田武深明百吃不厌的温和口感，为顾客带来安全感的重要性，但他更认为寻找刺激和快乐更有趣。因此，柴田出品的每款甜品都有其独特的个性及丰富的造型，哪怕只吃一个，也能让人在视觉、嗅觉、味觉上获得大大的享受。于是柴田的理念与甜品就成为了这家坐落于西子国际的柴田西点店室内设计的灵感来源。

空间基调柔和温馨，一抹粉色自楼梯墙面漫延而上直至整个顶面，让人惊艳，这也是源自招牌甜点"女神"最让人心醉的酒渍樱桃魅惑所在。正对入口，略带复古色彩的白色圆形马赛克与时下正流行的玫瑰金规划出操作与柜台窗口，精致而醒目。由于空间有限，作为连接楼上楼下交通的楼梯也成为店内最主要的视觉中心，一侧扶手以金属板包覆，以优雅的折线剖面线条为一层空间打造出独特的立体感。机车风的玫瑰金铆丁点缀了水磨石台阶，呼应了一侧扶手的金属质感，又隐隐的与另一侧墙面圆形拼嵌马赛克进行着复古风情的对话。空间中以手绘图案装饰墙面，而图案形式则来源于柴田出品的各式甜品的剖面，雅致简约又不失趣味，自然成为空间的点睛之笔。家具线条安逸灵动，明亮而温和的马卡龙色，营造出甜蜜的氛围。

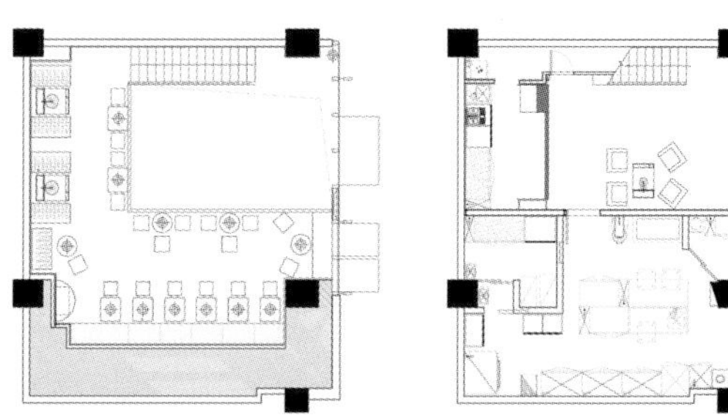

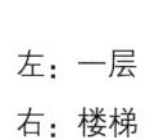

左：一层
右：楼梯

热情马卡龙:
マカロンをアレンジした可愛い スイーツ。
存在感あるパッショ
ンとヘーゼルナッツの香ばしさのハーモニー
ヴィーナス(女神)
フランスのヴァローナ社、ショコラ72%を
使用したオリジナルのブラックフォレスト。
女神という名に相応
しい 存在感 あるテイスト
chez Shibata

左：俯视
右1、右2：细节
右3：二层区域

Shibata

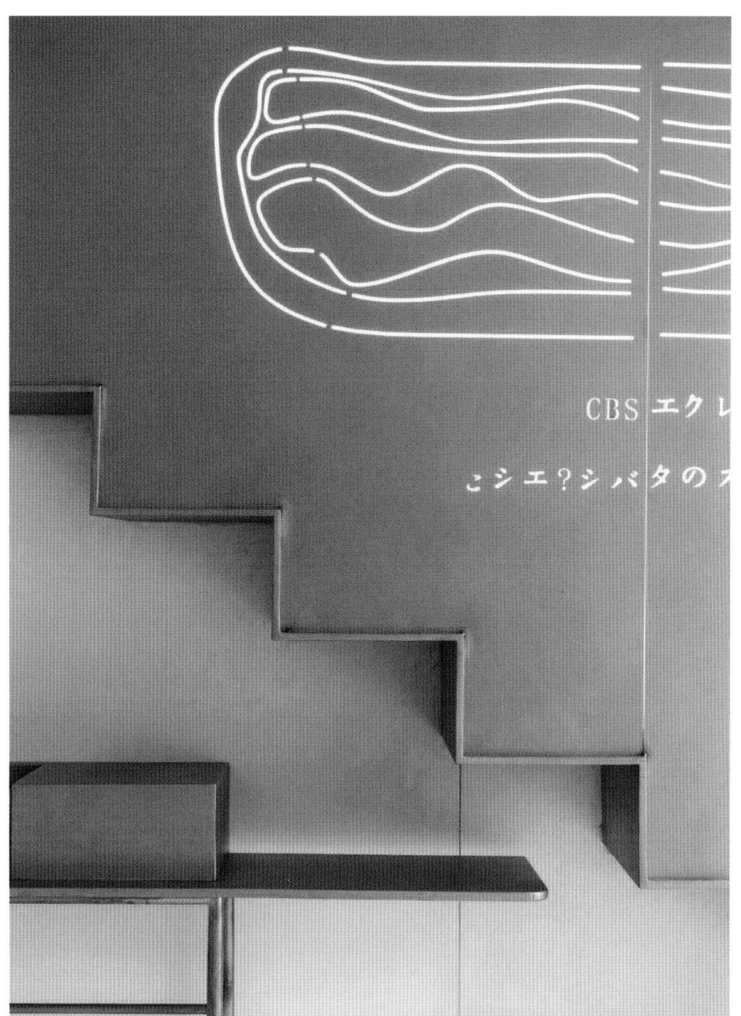
CBS

Meizhou Snacks Xiba River Flagship Store

眉州小吃西坝河旗舰店

设计单位：CLASSIC INTERNATIONAL DESIGN INC.
设　　计：王砚晨、李向宁
参与设计：马艳
面　　积：320 m^2
主要材料：手工竹编、锈板、水泥板、地砖
坐落地点：北京
完工时间：2016年9月
摄　　影：张毅

外观设计，采用大面积锈板质感的墙面处理，浓重的色彩更具视觉冲击力，从而加深了时间的印记，并与室内设计产生了隐喻呼应。眉州小吃呈现出四川这一地域独特文化特征，在简洁朴素的外部设计内，隐含了淳朴地道的空间体验，设计师以四川当地特有的生活材料，包括竹编、原木、餐具等素材，运用当代艺术的手法搭配现代工艺手段，营造出属于品牌自身独特的美学语言，形成一种内与外，外在与本质反差的对比性感受，为古老的手工艺注入时代的灵魂。进入室内，天花上由多达600多个手工制作的捞面竹篓组成的艺术装置吊灯映入眼帘，而墙面上的装饰，四川地域烹饪美食所使用的竹篓、木铲、竹刷等普通的厨房用具经由艺术化的吊装及灯光的照射呈现出动人的质地及温暖的瞬间。

不同与以前的餐厅，本案家具更具有四川地域特征。餐桌表面覆盖手工竹编，按照四川原始家具工艺进行处理，可以让用餐客人近距离体验传统手工艺的美感和手作的温度，给快节奏的都市生活增添些慢的元素，让身处繁忙中的京城职人也能拥有快乐生活中的片刻舒缓，品尝眉州小吃的传统工艺烹饪的健康美食。

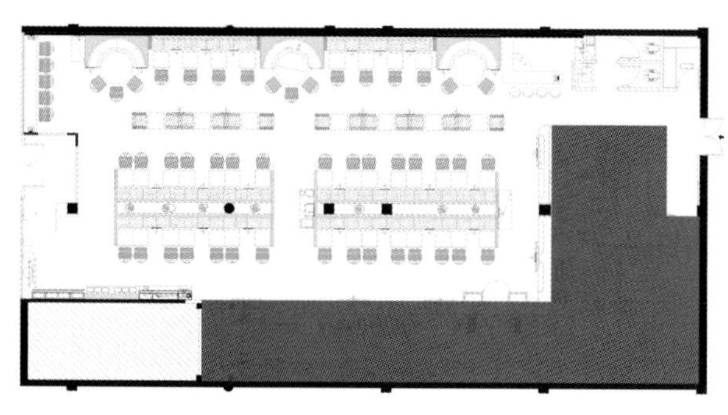

左：藤编材质桌面和土陶瓷罐，增添了朴实风味
右1：墙面装饰
右2：错落有致钢丝屏风，增添了空间趣味性与增强区域的可读性

左1：天花上由多达600多个手工制作的捞面竹篓组成的艺术装置吊灯
左2：局部
右1：捞面竹篓组成的艺术装置吊灯
右2：装饰细节

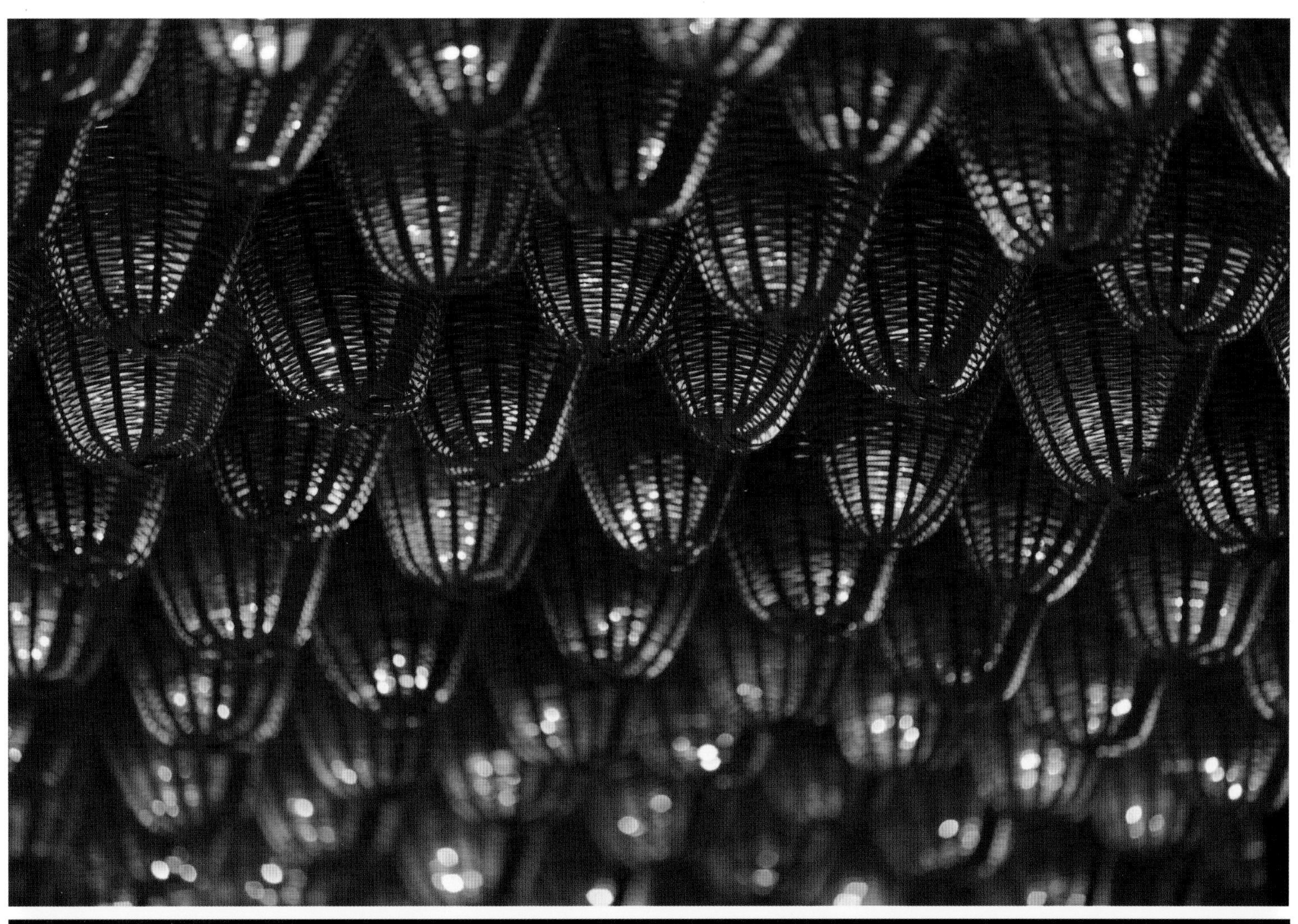

Lanting Pavilion Kyoto Food

兰亭京都

设计单位：HHD假日东方国际设计机构
设　　计：洪忠轩
参与设计：谭燕威、马泳晖、周永胜、黎志刚、陈佳柱、朱斌、林如柏
坐落地点：深圳
完工时间：2016年7月
摄　　影：陈俊伟

空间设计运用中国著名书法家王羲之的《兰亭集序》作为设计理念，用信息时代的时尚语言重新表达，把书法文字打散，只取其笔划的神与情，书法贯穿于整个餐厅的设计中，如以"天下第一行书"《兰亭序》的笔调作为天花的设计元素。另外，大量运用竹子、原木、原石和水等自然元素营造禅意安宁的氛围。

左：户外
右：餐厅中庭以竹为材质设计了鸟笼情景的包厢

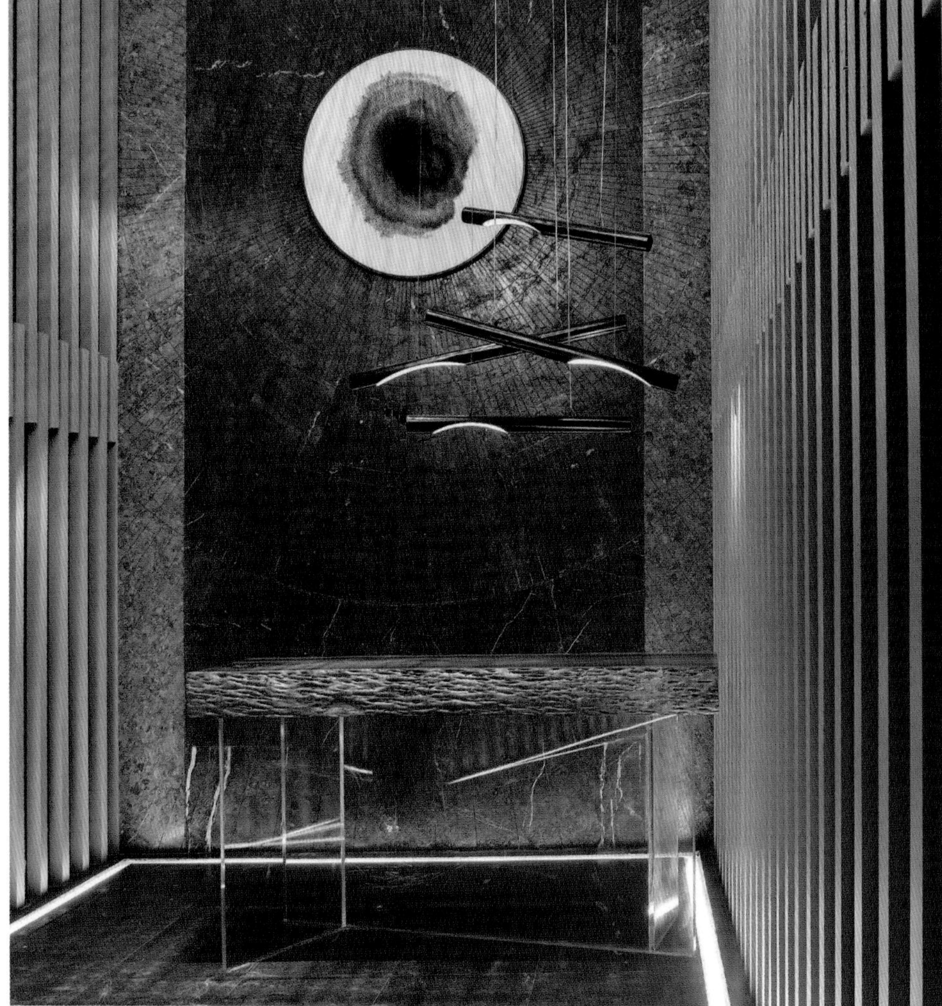

左1：古韵、书法、文化与空间的融合
左2：原木的感性与柔美、石材的理性与刚硬，禅意情境完美结合
右1：包厢
右2：局部
右3：光与影

MR. MENG (Chongqing Gourmet)

孟非小面

设计单位：上瑞元筑设计有限公司
设　　计：范日桥
参与设计：宋圆圆
面　　积：150 m^2
主要材料：水磨石、复合地板、金属圆杆、陶土砖刷白
坐落地点：苏州
完工时间：2017年3月
摄　　影：陈铭

重庆小面，重庆人称之为“水面”“水叶子”。是重庆四大特色之一，重庆面中最简单的一种。狭义的小面是指麻辣素面，分汤面和干溜两种类型，小面富于变化，佐料是小面的灵魂。一碗面条全凭调料提味儿，先调好调料，再放入煮好面条，看似简单却滋味十足。然而，苏州人对于“吃”也是相当有研究的，吃惯了苏式汤面，以辣闻名的网红小面，能否“安逸”呢?

复合地板上墙、水磨石铺地简简单单搭建了面店的大基调，白色金属圆杆吊挂在头顶犹如“山城”重庆的层层山峦，起起落落、鳞次栉比。卡座区家具安静地坐着等待食客的光临；有着苏州绅士的内敛与儒雅，红色单椅乃点睛之笔，像一个个呛口小辣椒，宣誓了小面纯正的麻辣血统，似乎在跟食客们讲述着入乡随俗的故事；30 种杂志装置在侧墙醒目的悬挂着，似读非读，在经意与不经意间流露出了骨子里的桀骜不驯。整个空间清爽却不过于淡雅，充满着年轻气息，很安逸。

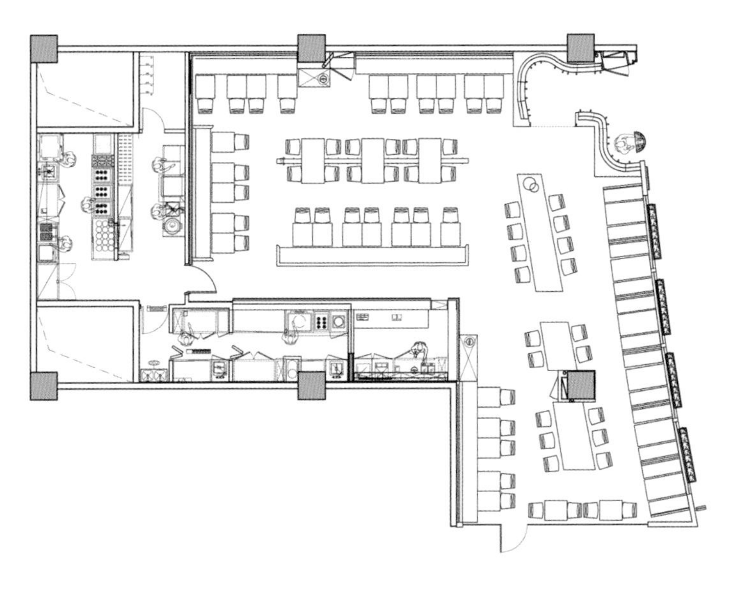

左：店面
右1：顶面细节
右2：餐区

左1：墙面装饰

左2：餐区

右：餐区

Ichiran Traditional Beef Noodles

一兰传统牛肉面

设计单位：叙品设计装饰工程有限公司
设　　计：蒋国兴
参与设计：妥文奎、钟健敏、单富斌、王庆、李静静、孙小雅、冉俏
面　　积：500 m²
主要材料：仿木地板砖、白色钢板、白桦树、灰色条砖
坐落地点：新疆乌鲁木齐

设计师打破以往拉面印象，打造出一家不平凡拉面小馆，让味觉视觉得到享受。门头的设计尤为重要，大面积采用铁锈板、白色发光字体及 LOGO，凹凸的木块，造型简单大气，在细节上凸显设计感。光影交错，似时光无形手影抚过年轮，留下斑驳印记。二楼吧台采用灰色亮面砖，通过反射起到拉升空间作用，吧台旁边用白色钢筋作为装饰，造型为拉面状，突出本案主题。

全开放式就餐环境。散座一区，白桦树作为屏风，将就餐区和前厅区域分隔开，面对狭长形的原有建筑工业风原顶，用白色钢筋不规则折线作为吊顶装饰，自然表露出内凹的曲面与出入动线的空间，创造出入口的延续与室内的流动，并利用折出的场域，贯穿整体空间氛围，使机能随形，人处于其中随形而至。

散座二区，稳定的古典色调和扎实感，墙面采用夯土，看起来朴素平实，本身的肌理和粗糙感便是自然本色最好的体现。天然的色调，经典的拼接随意而又不俗，就像我们关心世界，而又独立于外界世俗的精神。散座三、四区，墙面造型整体，采用灰色条砖，与散座一区选用材料一致，顶面造型由一区延伸过来，贯穿整体，右边的窗户选用白色钢板镂空刻字，投进光束，让空间更有层次感。

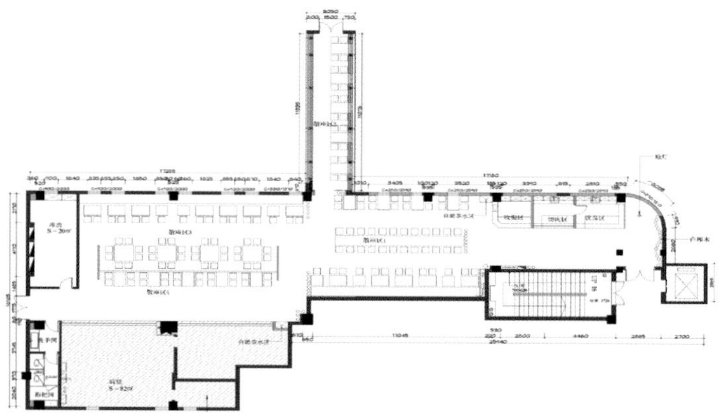

左：过道
右：餐区

左：餐区

右：细节

Duck de Chine

全鸭季

设计单位：哈尔滨唯美源装饰设计有限公司
设　　计：王兆明
参与设计：靳全勇
面　　积：1800 m²
主要材料：木材、铜、石材、皮革硬包
坐落地点：哈尔滨
完工时间：2016年8月
摄　　影：黄耀成

材质本身的色彩与肌理能使其空间渗透着自然的气息。内封闭合的空间经过光的渗透，减缓人们心里压力。灯光的书写能雕琢出空间的味道。叠加和并置把空间的定义感性地组合起来。不同界面的起止点通过变化来活跃视觉的观赏角度。婆娑的竹影、纵向的分割、斑斓的星光、悬窗的内外，情景的共融，把空间的商业性质赋予人文故事，使其不同位置就餐者，都能感受和拥有空间所给予自己的那份独有温情，偷闲着城市的美好时光。

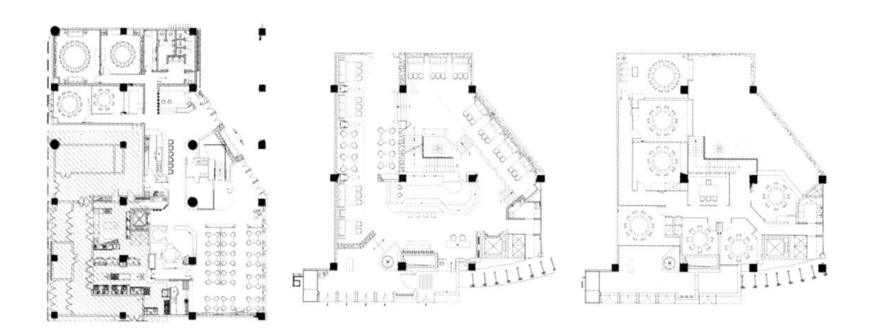

左：一层共享餐区
右1：楼梯间
右2：负一层

消火栓
Afirehydrant

左1：一层共享餐区
左2：一层卡座
右1：一层共享餐区
右2：负一层餐区

LLY Hot Pot

琳琅园火锅

设计单位：安徽许建国建筑室内装饰设计有限公司
设　　计：许建国
参与设计：刘丹
面　　积：623 m^2
主要材料：小白砖、原木、水泥板、钢板
坐落地点：安徽合肥
完工时间：2017年1月

火锅，已成为现代饮食文化标志性热食之一，设计师了解到业主是南方人，因在重庆读书学校里有个名为琳琅园的食堂，回到南方时常常回味当年吃火锅的情形。带着业主这份怀恋，设计师在设计中摆脱了部分传统火锅店文化，让整个店内环境焕然一新。

本案位置正对电梯口且属于边户，所以向外设计了一个外售水吧区，与室内操作区相互贯通，店内入口呈喇叭口式，小小入口处呈现了所有商业信息，旁边的儿童娱乐区为店内的儿童提供了玩耍空间。室内大量使用原木、小白砖与水泥板，卡座区选用了不同形态，为了满足不同人群，在里面做了两间包厢。灯光效果是设计中最为关键因素之一，墙面其中有一幅是重庆全景照，轻柔的光线仿佛让人回归画中场景，营造出个性鲜明的视觉环境，背景墙的装饰与木质线条、柔和的灯光照明烘托出店内时尚格调，顶面除了发光的标识并无其他修饰，整体简洁并赋有时代感。因造价有限，部分就用简单的方式去表达，整体结合实现了业主对过去的怀恋，也把自己生活中的一部分分享给大众，融合了传统文化与当代时尚。

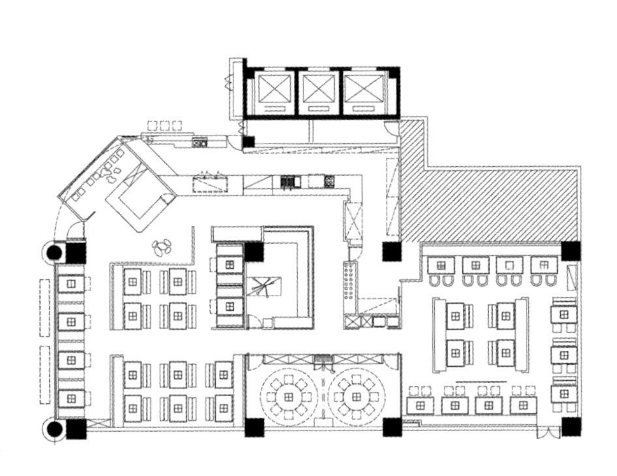

左：餐区
右1：局部
右2：餐区

LLY·HOTPOT

左：局部

右1：墙面装饰面

右2：餐区

Beijing Sanlitun Tongying InterContinental Hotel

北京通盈中心洲际酒店

室内设计：香港郑中设计事务所、奥必概念
室内灯光顾问：大观国际设计咨询有限公司
室内灯光首席设计师：王彦智
室内灯光设计团队：郑庆来、任慧、齐新
坐落地点：北京
摄　　影：夏至

北京通盈中心洲际酒店雄踞时尚与文化兼具的聚集地三里屯核心位置，白天人流熙攘，夜晚觥筹交错、流光溢彩，映衬着大都市的喧嚣与奢华。通盈中心洲际酒店关注时尚、科技和未来发展，力求打造一个带有新雅皮士风情的时尚生活方式。

酒店高 150 米，运用大面积落地玻璃幕墙，以“蜂窝钻石”切面为建筑外形呈现，极具设计感。入口处巨大的六边形双层玻璃雨篷将建筑的蜂窝造型进行了深入的刻画和展现。照明设计师结合建筑师的想法，采用偏冷色调的“蒂芙尼蓝”作为主色彩，运用超白玻和夹丝玻璃对光的洗涤和晕染效果，营造出鲜明的层次感，截然不同于周边其他建筑色彩斑斓的灯光氛围，极具视觉冲击力。

两个硕大的玻璃箱体结合内置水晶片的特殊定制屏风对称分布在酒店入口处，在光的作用下显得精致温暖。屏风中内置的大小不一、纵横交错的无数水晶片被线型灯洗亮，立体感十足，晶莹剔透，熠熠生辉，时时在向穿梭不息的人群展示着酒店时尚、绚丽、奢华的品质。

这是一个“制造故事的空间”。走进酒店，高挑的似乎要直入云霄的书架与屏风，感觉像到了哈利波特里的魔法部，充满强烈的装饰戏剧感。装置、雕塑和饰品无处不在，在复古和现代之间和谐相处。为避免高挑空狭长大堂的压抑感，光在这个空间里极力表现一种触觉效果，光之所达处，带领视线于细微处感受设计的小心思，值得细细玩味。

酒店有七家餐厅，风格迥异，“盈”中餐和“盈”料理、“热点”吧和“热点”西班牙、“怡”扒房、啤酒吧以及甜品店，每个餐厅拥有个性化的用餐空间和创新

左：大堂直入云霄的书架和屏风
右1：电梯厅
右2：公共区域

前卫的美食概念。各餐厅的灯光设计根据其室内装饰风格及餐饮文化属性进行量身打造，弱化功能性照明，着意强调重点照明和装饰性灯光。每个餐厅的灯光经过精心雕琢，多变的手法塑造出七种不同气质、不同风格的用餐情调。

酒店的 300 间客房主打现代前卫的风格，亦不失精致温馨。最具特色的圆形布局将原本呆板的 45 平方米变得艺术而前卫，空间上也更加开敞便利。敞开式的衣橱，灰色系为主的色彩搭配，宛若置身于潮店的陈列间。利用隐藏在天花、墙角、屏风内的各种间接灯光，让空间低调而优雅。

行政酒廊明亮高雅，暖色且富有层次的灯光将整个区域统一在极具舒适感的光环境中。层层发光的书架，被勾勒出形态的玻璃屏风，温暖舒适的休息区，都与屋顶的线性光带串联在一起，统一且富有变化，让人在品酒的同时也在品味这香醇的灯光。

通盈洲际酒店的内部空间美轮美奂，格调优雅。精心设计的灯光与细节、材料的合理搭配，几乎与空间合二为一，与室内设计共同谱写出一派赏心悦目的精彩。充满层次感的灯光博古架为空间划分着各种情节段落，独具质感的灯光屏风也使各空间相互渗透，虚实穿插，摩登中透着柔情。似乎每一个分隔里，每一个憩栖的角落都有精彩的剧情在上演，正书写着属于酒店独特的光影故事。

左1、左2：灯光的营造
左3：SPA会所
右1：热点西班牙餐厅
右2：盈餐厅

左1：红酒吧
左2：宴会工作室
右1：客房走道
右2、右3：客房
右4：总统套房

2111

Blossom Dreams - Yangshuo Xiatang Boutique Hotel

花梦间——阳朔夏棠精品酒店

设计单位：共向设计
设　　计：姜晓琳、闵耀、王东磊、曲云龙
参与设计：陈马贵、宋森
面　　积：2800 m^2
主要材料：木饰面、大理石、黑色拉丝不锈钢、木模混凝土、毛石、肌理涂料
坐落地点：桂林市阳朔县
完工时间：2016年11月
摄　　影：井旭峰

流水潺潺，峰林秀美，花海绵延无尽的阳朔就如同一幅虚实难分的写意山水，给人以无限的遐想与眷恋。陈砖瓦砾、石板长街，是岁月对夏棠的馈赠，千年古桥之下遇龙河湍流而过。花梦间携手共向设计，将品牌的第一家精品酒店选址在这清波雾霭之间，以繁花为梦，契合心灵的悠然。酒店的整体设计结合了历史与文化元素，寄情于景，返璞归真。

设计开始于一个四面通透的毛坯框架，从建筑开始着手，从景观到室内、软装，进行了全面的设计规划与改造。建筑外立面采用白色的肌理涂料搭配韵律的木纹格栅，形成协调的序列性，不但具有传统的审美，还极具度假感。

庭院借鉴中式园林的理念，院落用 3 米高的竹林进行围合，塑造出礼仪层次，确保了庭院的独立性与私密性。酒店南侧有一栋原始建筑，为了避免其影响庭院的景致，设计师将这一范围内竹林高度提升至 6 米，达到完美的障景效果。移步庭院，空间回合婉转，景观层层递进，水榭、花木相映成趣，一步一景，步行景深。

大堂采用对称的设计手法传达新中式的秩序美学，简洁的线条则充满现代时尚感，在演绎传统的同时，也更加符合现代人的审美趣味。清雅低调的木质材料打造的书吧和茶室，呈现沉静的气韵，镂空屏风与光影相映成趣，散发着素雅的东方气质。留白是中国传统艺术的精髓，虚实相生，皆成妙境。将其融入室内设计中，不仅拓宽了空间的层次布局，更强调艺术氛围的营造。

酒店有 26 间客房，根据不同的朝向景观和面积进行合理地划分。设计师提取出具有代表性的地域色彩应用在客房区域，创造不同的情境体验，使空间更具自然

的灵动与生机。大面积落地窗将自然景观引入室内，临窗而立，景致尽收眼底。客房沿用简洁的设计笔触，结合有拙性的物件，形成视觉上的碰撞与冲突，以情寄物，以物传情，赋予空间灵魂。客房采用了智能化系统，配合温馨的照明氛围，意境之余更多的是舒适。

酒店顶层设置了一处观景庭院，放眼远眺，一望无际的山景缭绕在云雾间，淡然宁静，有景如此，足以让身心融合于自然中，游走于文化间，远离喧嚣，享受心灵的自由，繁花若梦，悠然其间。

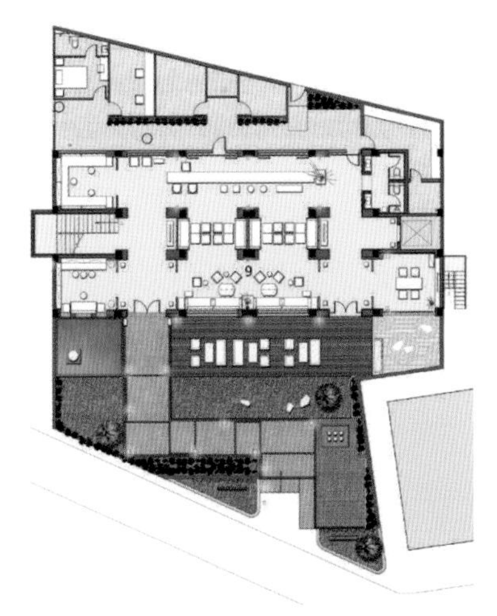

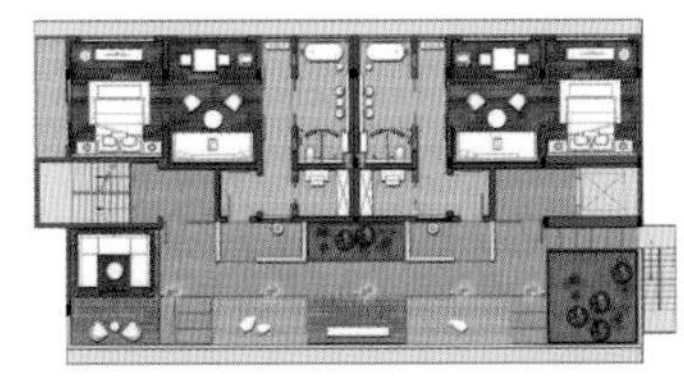

左1：外景
右1：园林
右2：夜景

左1、左2、右1：接待大堂
右2：交通节点

左1、左2、右1、右2：客房窗外都有美丽的风景

Wheat Youth Arts Hotel

麦尖青年艺术酒店

设计单位：唯想国际

设　计：李想

参与设计：范晨、陈丹、吴锋、张笑、任丽娇

面　积：4500 m^2

坐落地点：杭州

摄　影：邵峰

一个城市的旅馆有时比城市的景点还重要，杭州，历史悠久又个性鲜明，怎能缺少一个在携程上就能对这趟旅行为之兴奋的起点。麦尖青年艺术酒店，定位为青年人，或认为自己还是年轻的人，目标定位为自身可以跟旅客调情的酒店，希望人们愿意来这里互相调侃。

酒店坐落在杭州滨江区星光大道商圈内，入口并不起眼，需要从商场内部进入7楼。来到门前，小巧的酒店门口简单写着“麦尖”两字。设计师设计了一个小回厅在门口，人们需要看到酒店名字之后绕过回厅才能进入大堂，回厅的端景处，没有传统的条案配艺术品等装饰，而是一面酒店客房所有必需用品的立面展示，全部漆成白色，用玻璃封装而成一个橱窗，玻璃外面用橙黄色大大地写着“hello”，像是客房里的所有物件齐聚一堂来欢迎即将入住的客人。

步入大堂，像书房，像客厅。四面的书架，白色的墙面，玻璃的折纸形隔断把休憩与书架略作区分。吧台前的大狗像是迎接客人的热情管家，拴住的链条变成了排队线。设计师用跳棋来比喻每个人，所以在一面墙上用跳棋装点了一幅世界地图，寓意欢迎世界各地朋友来此一聚，并用跳棋来代表酒店的服务人员，还原创出跳棋一样的凳子，让人们可以坐在上面，代表一种服务的意识。

走廊的设计简练而有力，曲折向前，每个角落都有画作与涂鸦，更有部分空间用彩色跳棋来装饰天花，像彩虹糖般甜蜜。设计师用日常人们热爱的音乐、绘画与读书来装扮整个酒店的氛围，每层的走廊公共休息空间设有钢琴，让客人自娱自乐的同时分享音乐带来的魅力，来作为陌生人之间无声的交流工具。

左：酒店入口

右：吧台前的大狗在热情的迎接客人

客房里临窗的画架特意为每位客人而准备，希望每个人都留下珍贵的片刻。电视被一幅巨幅画作遮挡，画作可以拉动，画作上写着打招呼的语言。设计师希望用简练的家具来描绘干净简洁的空间，充分使书桌、床和衣架的功能融入到整体的设计效果中。

傍晚，可以来到酒店的咖啡厅享受悠闲时光，天花上 7 个小人携降落伞从天而降。如果选择拥抱世界的姿势，飞翔的姿态最为优美，设计师以为。

Hello! How is going today! Very happy to see you ! What’s up man! 还有幽默的用中文字发音来替代法语你好的“蹦猪”，来代替酒店人员的问候语，随处都有关怀随处都有交流，把各种视线可落脚的地方用拟人化的文字传达来跟客人互动。一间用墙壁来打招呼的酒店，一间像画廊的酒店，一间愿意陪伴你的酒店，一间使你愿意献上一曲一画的酒店，就是这间麦尖青年艺术酒店。

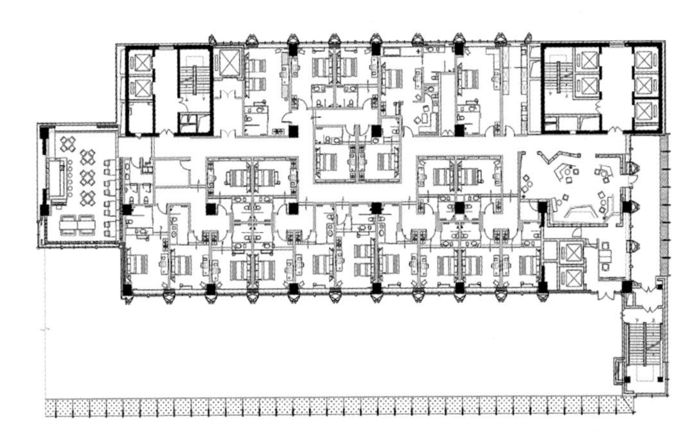

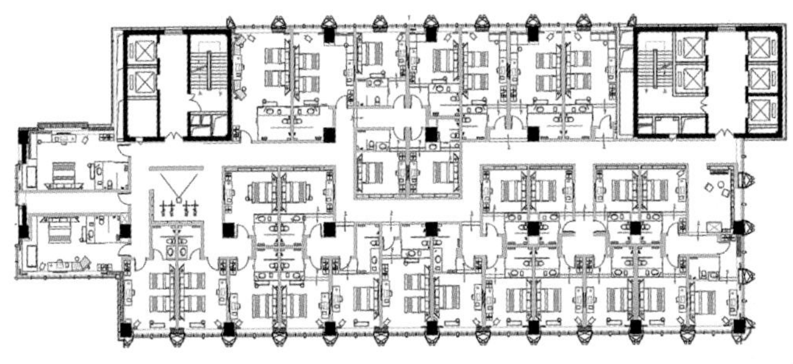

左1：天花上的降落伞和小人
左2：大堂像书房又像客厅
右1：跳棋装饰的天花
右2、右3、右4：走廊的端头

712
Catch you later

909

WHAT'S UP MAN

左1、左2、左3、左4：客房从入口到室内都充满了惊喜

右1、右2：设计简练的客房

Kempinski Hotel Fuzhou

福州凯宾斯基酒店

设计单位：YANG设计集团

设　　计：杨邦胜、黄盛广、吴尚荣

酒店类别：城市商务酒店

面　　积：32652 m^2

坐落地点：福州

福州是东南沿海历史文化名城，也是中国著名侨乡，素有“海上丝绸之路门户”的美誉。古福州人外出打拼，远渡重洋，YANG 选取寓意旅途的行李箱为意象进行酒店前台的设计，结合悬挂于台吧背景的福州漆画，将那个时代的乡愁之味隐隐流露。清朝时期的福州马尾船政文化影响深远，设计师借取“帆”的概念，在大堂内运用 366 片手工雕刻的单片，构建了一幅宏大的壁挂装置——远航。整体装置高 8.5 米，宽 8.2 米，气势恢宏，象征着福州人民团结一致、坚强不屈、奋勇进取的精神。单片造型同时与福州传统建筑的瓦片极为相似，让设计融入福州“三坊七巷”的地域文化，传承当地历史风情，典藏古城记忆。

作为福州的市花，茉莉几乎与古城福州同在。西汉时，茉莉便从印度传入中国并在福州落户，从此便成了福州人的最爱。在酒店客房的色彩设计上，YANG 借鉴了茉莉清雅温润的颜色气质，将一片片轻盈优雅的茉莉花瓣点缀在床头的墙面上，神清骨秀，给人一种“一卉能熏一室香，炎天犹觉玉肌凉”的清澈之感。大堂以及宴会厅的水晶吊灯，YANG 也以茉莉花的造型为灵感，选取代表永恒和尊贵的施华洛世奇水晶，并以钻石切割的现代创意设计理念精心打造，将施华洛世奇水晶与千变万化的光线完美结合，如同海浪一般层层翻动，营造出璀璨缤纷、光彩夺目的奢华视觉效果。

与此同时，酒店各个空间的细节处理无不彰显出凯宾斯基尊贵奢华的德系风范。金属的镶嵌与收边结合石材的恰当运用，使空间富丽之中饱含沉稳，精致之余又不失大气。

YANG 在设计过程中融合了欧式风格和中国元素，将寿山石的格调美植入空间中，权衡了福州本土文化，同时金属材质的运用延续了凯宾斯基的德系血统。YANG 以现代的眼光审视传统，用当代的语言叙述文脉，从时间和空间有限的片段中感知当地的气息和脉搏，用一个接一个的细节去探触这座城市文化的最深处。

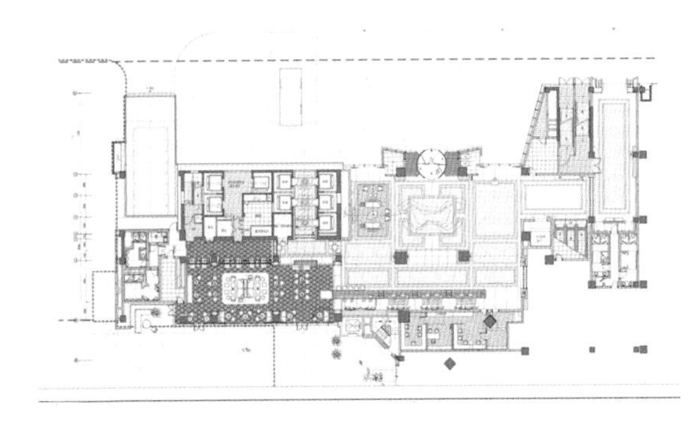

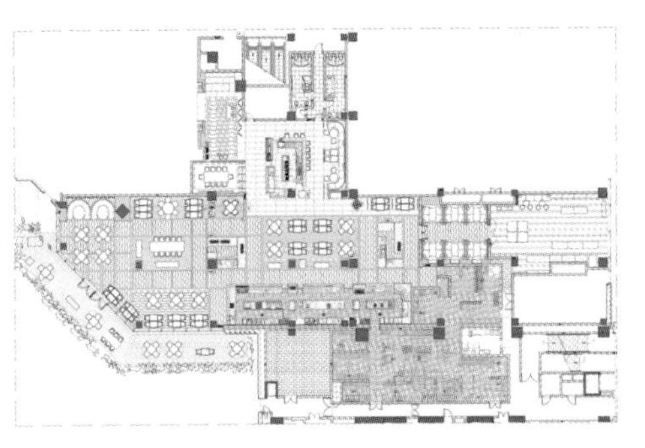

左1、左2：奢华的大堂
右1：旋转楼梯

左1：特色餐厅
右1：全日餐厅
右2：客房

Nanjing Golden Eagle International Hotel

南京金鹰国际酒店

设计单位：YANG设计集团

设　　计：杨邦胜、陈柏华、牟卫国、王琴

面　　积：35000 m²

坐落地点：南京

“一座南京城，半部民国史”，曾经作为中华民国的首都，南京城的各个方面被深深地打上了民国文化的烙印。南京金鹰国际酒店就坐落于这座古都中。“这里有你找寻的故事，关于民国、关于文艺、关于情感、也关于你”，空间设计以浓重的民国风为主，仿佛将南京城那段既美丽又心酸的绮梦真实的展现在人们眼前。大堂采用具有年代和历史感官的金属板组合拼接构成艺术墙，象征着民国时期坚强的爱国精神和勇于接纳新事物的态度。沉稳的木质家具被引入空间，一点点填充，这是一种时间的记忆，安静兼顾力量。

在创作过程中，设计师不断重复这样的动作，以实物应对历史，带着可触的亲近感捕捉时光。而大堂吧满满的艺术品亦足以让人做一场最美妙、最文艺的民国之梦。那时的唱片、文学安静地放置在这里，时间让她们变得愈发的神秘。

除了满是情怀的女子，艺术也是民国时期南京不可或缺的存在，并尤以绘画最为盛行，电梯厅巧妙地展现了这一切。墙面满幅的云锦采用当代的颜色演绎民国图案，与 LED 屏幕放映的黑白电影相搭配，用静态与动态的生动结合营造独特的视觉享受。

复古的彩色玻璃是南京民国建筑的一大特色，以此为材，在中餐厅的玻璃隔断中巧妙运用色彩变化，营造出神秘又绚烂的空间效果，仿佛置身民国的街景之中。在其他细节的处理中，也同样抽取了民国时期南京建筑的符号语言和形态，运用在门把手、标识等细微的地方。在这里，一草一木无不散发着那个年代的气质——文艺、优雅。

整个酒店是一场空间的诗意叙事，多重的历史符号经过有序的梳理和重构，被一一展现，文化的脉络也顺理成章地依次展开。排列于天花之上的窗格、倒置其中的首饰盒、魅惑的紫色、镂空的金属格栅、时隐时现的旧画报，空间的故事性和可读性被设计的符号语言完美诠释，并用诗意的方式娓娓道来，让人在此步入一场时空旅行。

美国人用来表现怀旧的大多是中分头和吊带裤，而在南京，服饰之于怀旧，旗袍自然首当其冲。把彼时的这种时尚搬到客房的设计中。床背景上有序的排列着代表那个时期服饰文化的旗袍扣，结合精心挑选和设计的复古摆件，让人置身于一个时代的辉煌又坐享现代生活高端的品质。室内设计使传统与时尚更好地融合为一体，是对传统的尊重，也是对于创新的持续探索，更是我们所赞赏的民国精神。

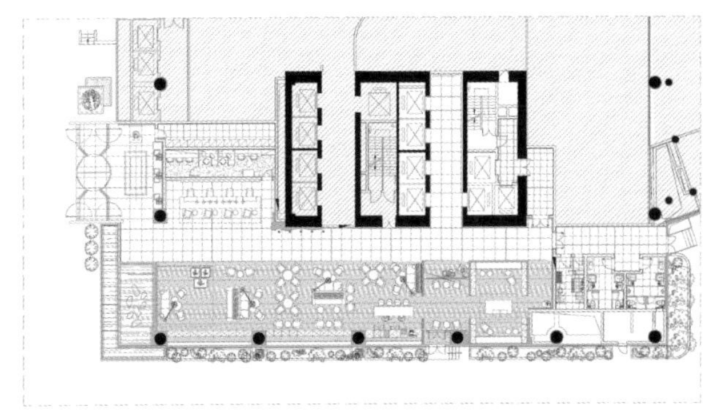

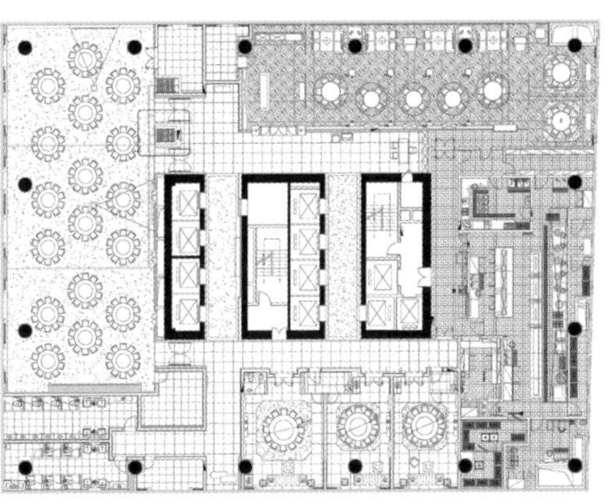

左：金属板组合构成艺术墙

右1、右2：大堂

左1：餐厅
左2：电梯厅的民国印记
左3：复古彩色玻璃隔断
右1：电梯厅
右2、右3：客房

Beijing Chifeng Boutique Hotel

北京赤峰精品酒店

设计单位：北京意地筑作装饰设计有限公司
设　　计：连志明、徐辉、陈润泽
面　　积：7000 m^2
主要材料：夹丝玻璃、灰镜、橡木开放漆、意大利木纹石、拿铁灰、云朵拉灰、紫铜
坐落地点：北京
摄　　影：高寒

在赤峰市的东北方向有一座很神奇的褐红色山峰。这就是赤峰市名的由来，她是赤峰人的精神堡垒。赤峰红山文化也是中华民族文化的重要代表，华夏第一龙“玉猪龙”曾将中华文明推进了 2000 年，辽瓷文化更是中国陶瓷上的一枝独秀。

北京赤峰精品酒店作为对外窗口与南来北往赤峰人的落脚点，这种家的归属感与地域文化体现是此案设计的核心。由于是一个 20 多年的旧楼改造，在原有尺度的室内空间拓展，将大堂挑空，客房层在建筑层面上向外扩展半米，让原来只有不到 7000 平方米的老楼提升为包括 60 间客房、1 个早餐厅（兼全日餐厅）、8 个餐厅包间、大堂、3 个会议室、健身房、影视厅以及办公区。以赤峰红山人文景观为背景设计的大堂，在轻东方氛围的硬装空间里，山形的艺术背景、山形的雕塑摆件、带壁炉的整墙展示柜，让局部挑高的大堂空间静谧却不失文化气息。镜面与屏风是全日制餐厅的设计概念，使空间高度虚拟的升高一倍，屏风的喜剧式表达让空间有如家庭餐厅式的氛围。以一年四季赤峰草原不同风光为主题的客房走廊设计，使客人在不同楼层有着不同感受。空间紧致，但布局合理的客房分为 5 种房型，利用不同的主题背景营造不一样的居住感受。

这一切紧扣我们当时定位的“营造一个都会桃源式的轻东方的低奢精品酒店”。有别于传统豪华酒店，将红山文化巧妙地融入当代都会空间中，现代与传统相互融合，形成低奢和内敛雅致的东方主义小型精品酒店。

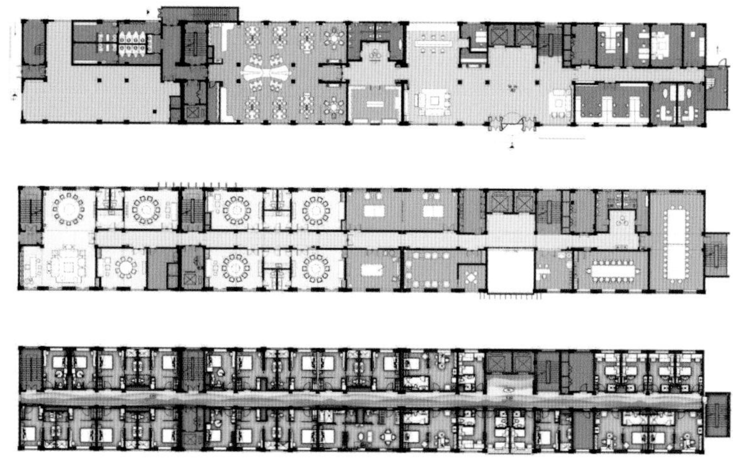

左：大堂
右1、右2：山形的艺术摆件和雕塑

左1：大堂吧
左2、左3：餐饮区
右1：过道
右2、右3：客房

Yi She Mountain Inn

一舍山居

设计单位：大料建筑
建筑设计：刘阳、孙欣晔、陆旭文、郑丽梅、王坤
参与设计：王春磊、侯延铭、郑丽梅
面　　积：450 m^2
坐落地点：北京
摄　　影：孙海霆

最近几年，我每年都会有几次，跟家人朋友一起，开很远的车，到没有人烟的地方露营，待一待，或山林田野，或沙漠雪原，什么也不干，就烤串聊天看星星，日子很慢，很慢。在城市里，人们争分夺秒，时间宝贵。而在这里，不开玩笑，时光就是用来浪费的。我们不会被过多需要去做的事情所纷扰，被时间所能换取的价值而束缚，也许，慢慢"浪费"的过程，我们可以获得更多。

这里离北京挺近，开车一个来小时吧，不会在路上耽搁太久，可以经常在热闹的城市生活和闲静的隐居生活间摇摆。这里环境还成，虽没有极致景色，但世界文化遗产"明十三陵"就在边上，可以发现所谓上风上水的皇陵宝地确有神奇之处，城里雾霾爆表，这里蓝天依旧。

这里不是农家乐，并没有打算体验农家生活，我们还是需要舒适有品质的日子。这里也不是假日酒店，不会被各式各样的休闲项目分心打扰，我们需要自由自在的"浪费"时光，可以喘口气，缓缓神便好。

这里没有现成的饭菜，而是供应新鲜的绿色食材，我们鼓励家人朋友一起做顿大餐，这个过程比结果要享受得多，这是情感交流的时光，"谦让，包容，热情"等美好的情感和故事渐渐被激发出来。这里的厨房没有躲在犄角旮旯，更不是通常印象里的脏乱差形象，而是充满阳光的，像舞台一样，全部开放，朝院子展开。其中操作台也脱离了墙壁，人们不仅可以面对面围拢在一起，也使得大厨可以站在舞台中央，面朝家人，光鲜的享受羡慕和赞美。而高窗框入的远山，也给这出戏添了几分悠然的诗意。

这里没有标准的酒店客房，而是 5 个完全不同的独院套房，有的面山，有的近水，有圆有方，像几个性格不同的大玩具，散落在高台上。人们每次来都可以尝试不同的体验。客房之间并没有绝对隔离，而是通过多层院子的交叠，院墙的开洞控制，在保证私密性的同时，模糊了客房间的界限，也模糊了人与人之间的距离。大人在屋里安静地看书，抬眼发现孩子在窗外玩泥巴，孩子在迷宫般的院子间跑闹，也能时刻感受到父母跟自己在一起。

在这里，并没有宏大叙事的建筑空间，也没有昂贵繁复的材料做法，就是北方农村常见的砖和木，我们只是进行了一些尺度和形式的调整，以及屋面种植爬墙植物等让建筑或退化或异化的手段，使人和光和风，和山和水的体会更真切些，希望会形成舒缓朴素温和的空间氛围，人们生活在这里并没有那么多目的性，可能感受到的东西反而会多一些吧。

没头没尾的，慢慢浪费的时光，不知道会怎样，我们和家人朋友在一起。

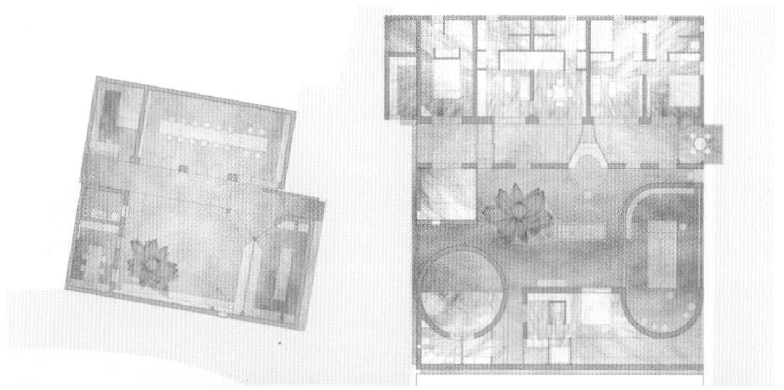

左：夜景
右1、右2：院落

左1：晨光

左2：脱离墙壁的操作台

右1：就餐区

右2、右3：客房

Metropolo ——New Asia Hotel

都城——新亚大酒店

设计单位：上海泓叶室内设计咨询有限公司、上海叶铮室内设计事务所
设　　计：叶铮
参与设计：熊锋、陈佳玲、陈佳君
面　　积：30000 m^2
主要材料：涂装板、大理石、钛金不锈钢、仿云石、玻璃、羊毛地毯
坐落地点：上海
完工日期：2016年12月

对老上海人而言，说起四川路桥下的新亚大酒店，无人不知。

这是一项历史名楼的建筑改造工程。酒店始建于 1932 年，在当时属流行的现代主义建筑，但其手法依然沿袭 ArtDeco 风格，1994 年被确立为一级保护建筑。1996 年由前室内设计学会会长曾坚先生主持该项目的首次全面改造，本次是新亚大酒店历史上第二次改建设计，并定位于城市精品酒店，以融入城市发展与酒店选型的时代需求。

整体设计在秉承历史保护的原则下，注入新的设计语言，提炼简化界面语言，突显竖向线条构成。同时强调设计的一体化与整体性表达，追求各专项要素间的整体共存关系，最终表现出上海所特有的优雅与诗情，展现城市文化的地域特征，形成强烈的空间场所精神。时光交错，记忆叠生，经典怀旧与现世融合，仿佛隔世，恍若梦境。

左、右1：大堂
右2：咖啡厅

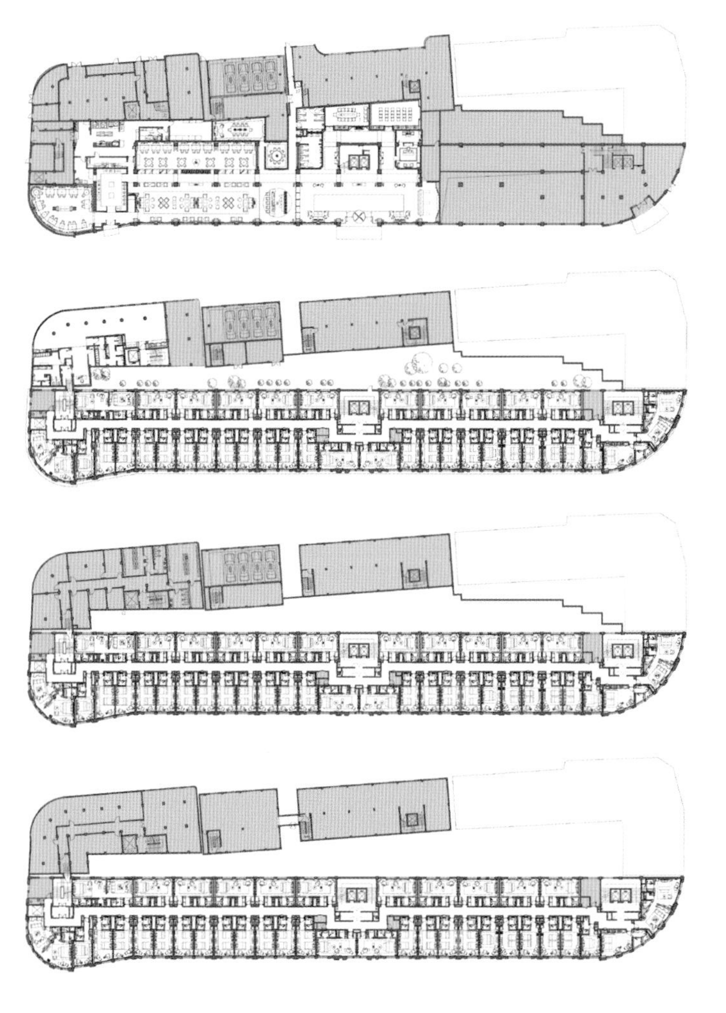

左1、左2：餐厅
左3：宴会厅前厅
右1：客房走道
右2、右3：客房

Wuxi Lingshan Town · Nianhua Inn

无锡灵山小镇 · 拈花客栈

设计单位：禾易设计

设　　计：陆嵘

面　　积：2350 m²（一花一世界）/1365 m²（云半间）

坐落地点：无锡

拈花客栈——一花一世界

在拈花湾，这是一个面积相对舒展的客栈。中式风格的室内基调，一朵朵不同形式的“花”正是贯穿各空间的主题元素，一花即一世界，而“一花一世界”里也包含着，繁花似锦的点点繁华。

厅堂里，青灰的地砖人字形拼叠呈现在地面，墙面的颜色十分素净，明式古典家具线条简练又不失古韵，乌木色也显得非常低调。顶上米灰色布帐的吊灯，除了形体大一些，其单调造型也只是极为朴素的花骨朵。

然而，就是在这一片灰色调中，设计点入了生机勃勃的花形元素，令这个空间豁然明亮起来。吊灯的米灰色布帐内笼罩着黄底布幔，绘有古典花样，行行种种，丰富多姿。服务台装饰的是海棠轮廓的整列组合，普蓝与牙白色的色调搭配更是拉近了与大环境之间的距离。嵌绘花鸟图案的柜橱，桌案上的插花均纷纷以优美的姿态在此相得益彰。

漆成黄色的改良中式椅围绕在餐厅长桌旁，与顶灯呼应，与墙画搭配，令传统和时尚相交辉映。餐区还包括中央庭院，饭后茶余有廊亭下的围桌，亦可在此学习花道，当清凉的风穿堂而过时，或许会为你的花艺作品留下些许灵感。

客房以具有代表的四季花、叶之色彩为题，用雅致的中国色在不同主题的床背景和软装布艺颜色上点缀区别：春为艾绿，夏似竹青，秋如胭脂，冬乃缃黄。

辨识过季节主题色后，可联想到哪些应季的花儿了？可惜无论如何，繁花终有落尽时。但或许在一花一世界里，我们可以笑看起落，静悟喜悲。

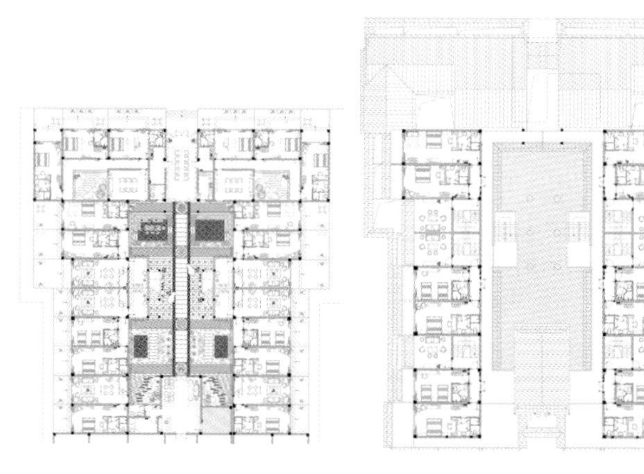

左1：庭院

左2、右1、右2：桌案上的插花以优美的姿态展示

右3：过道

左1：桌案上优美的插花
左2：餐厅的中式图案
右1、右2：客房

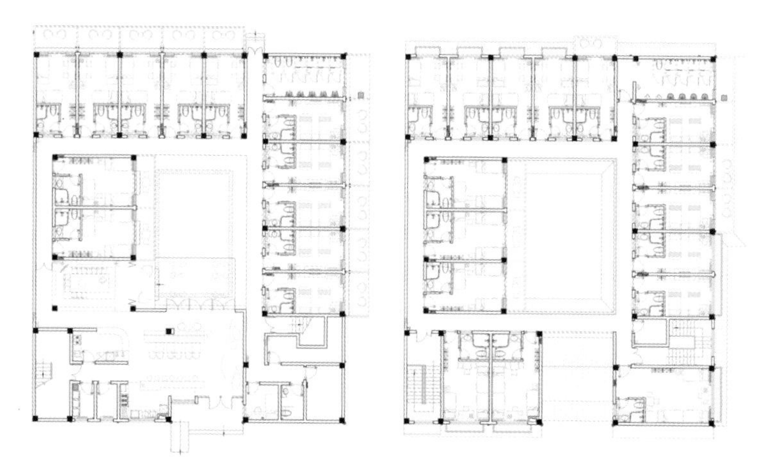

拈花客栈——云半间

“素、雅”一般为通常意义上禅风的代名词，但是再对禅意细细理解，其实“轻、松、自然”也是它所要表达的意境。拈花湾的“云半间”客栈就是以轻松自得的理念来诠释，连年轻人也会被吸引的“禅”空间。

遐想在一个点缀着淡淡天空蓝墙面的屋子里，轻盈的云朵与你毗邻，共享同一屋檐，心情定会随它一样悠哉游哉，甚至更自由自在吧。

入口处，接待功能融在敞开厨房和餐厅相隔的台案中，将更完整的空间留给餐区。整体的空间基础由白、灰、浅橡木色构成，而蓝、绿、红、黄这些好天气下的斑斓色彩借着靠垫及艺术品在空间中恰如其分的装点着。空间的颜色只有被设计师有序的平衡把握，方能彰显室内气氛的活跃又不失静怡。

餐区的端头是会客区，顶上一方天青，悬几朵白色云灯。地面不同于常规的沙发三两成组，设置了一个沉床式的沙发围合区，柔软而醒目的抱枕坐垫散落其间，召唤着年轻的身影们在此围坐、相聚、欢谈、嬉闹。若感觉屋里太过热闹，只需跟随着天花上飘浮的云灯，就能望见一窗之隔的庭院凉棚。在有风经过的凉棚里，“云”仿佛汇聚了更多。

客栈所有房间与中心庭院均一墙而隔，庭院里有风、有树、更有朋友。走入客房，屋内的饰面极为简单，以吊顶中央为分界，蓝白两色涂料由顶面一气呵成蔓延到墙面，直白呼应着“云”半间的主题。

左1：夜景
左2：庭院
右1、右2：休闲区

左1：下沉式洽谈区

左2：走道上挂着色彩缤纷的画

右1、右2：客房

Shandong Nishan Academy Hotel

山东尼山书院酒店

设计单位：上海禾易设计
设　　计：陆嵘
面　　积：20000 m^2
主要材料：木饰面、涂料、石材、青砖、纤维材质
坐落地点：山东曲阜

尼山书院酒店系“尼山圣境．百花谷”项目的一个建筑群落，位于山东曲阜孔子的故里，也是儒家思想的发源地。为倡导并提供“明礼生活”的特色体验，修建一个具有独特的人文环境和理想的休闲度假之地是酒店的打造目标。于是从景观、建筑到室内设计，始终围绕着本土的“书院、山、水”这些关键词，进行衍生、贯穿。

踏入大堂，犹如步入一间大型的中式书房。靠墙之处，看似无意的竹节经过悉心摆弄，犹如笔杆静静的安插在落地人瓶中。正中央砚池造型的水景，源于寓意吉祥的葫芦，与服务台上的灯托有着从轮廓到细节的呼应。“水墨尼山全貌”浩荡地铺于背景两侧的屏风上，衬托着中间的书架和案台，释放出悠悠的书卷之气。

大堂吧中，在坐榻的圈围中，透着柔光的暖炉烟囱熠熠生辉，其“耕读文化”的主题图纹用古法金银错工艺镂空雕刻而成。衬着倚墙书架的烘托，“围炉论道”的氛围在渐渐升腾。空间造型上，书架被作为主题元素置于公共区域，除了形态上的相互呼应之外，仿佛还有些似有若无的淡淡书香，透过书架微微弥散在空气中，更是从感官上将各空间联系成一个整体。

在选材上因地制宜，运用了当地常见的竹编、藤编工艺，既富有艺术感更贴合生活。本地的原石以及有着历史肌理的木饰等元素，经设计修整、梳理后，作为室内装饰面在空间里重新绽放。细节之处，象征吉祥、福禄的葫芦造型，以各种方式被勾勒出来，或落于把手之间、或归于家具之上，渐渐的也成为标志性的符号，在不同区域中游走着。

整个酒店的室内设计，遵循建筑的古朴，营造出淡泊释然的东方儒雅。

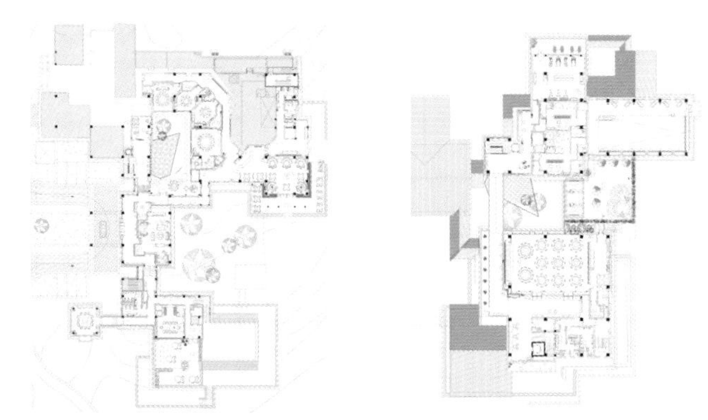

左：外景
右1：前台
右2：酒吧
右3：入口局部

蘇舜模楷

左1：棋牌室
左2：包间
左3：会议室
右1：休闲区
右2：客房

Youlan Lane

幽兰巷

设计单位：苏州市庞喜设计顾问有限公司
设　　计：庞喜
面　　积：450 m²
坐落地点：苏州
完工时间：2016年9月

过去的苏州，许多大户人家隐藏在曲折幽深的小巷之中，内敛而不露。幽兰巷11号就是这么一座中西合璧的民国小庭院建筑，此类建筑外表朴素，内则隐藏桃源小世界。幽兰巷11号位于苏州市姑苏区，由近代苏州教育界知名人士万嵩源、郁烈夫妻于1938年在原中式住宅基础上翻建而成。原住宅为中式建筑，形状为中间高两头低的"馄饨担"式建筑。

万氏夫妻购入该处住宅后进行了翻建，拆除原住宅第一进、第二进，保留了第三进的中式住宅。在原第一进、第二进的基础上翻建成现存的"海式住宅"。由万嵩源亲自设计，由当时葑门外著名的钱松松水木作行进行施工，负责该项工程施工的为徐雪金。

该住宅建筑面积约450平方米。整体建筑吸收了西方建筑的优点和长处，以砖石结构为主，木结构为辅，中西合璧，兼容并蓄，同时也保留了很多中国古建筑的风格和元素。这种结构是指建筑物中竖向承重结构的墙、附壁柱等采用砖或砌块砌筑，柱、梁、楼板、屋面板、桁架等采用钢筋混凝土结构。

幽兰巷的空间设计就以"生活"为第一要点，以能在这个空间生活使用的舒适为主，想得很简单也就做得很简单，很纯粹。因为身在苏州，幽兰巷11号选择一部分中国传统意义上的苏式园林元素，在实用家具上加入了大比例的当代摩登家具，借二者的融合，呈现出具有民国调性且有着很强的舒适生活体验感的酒店。

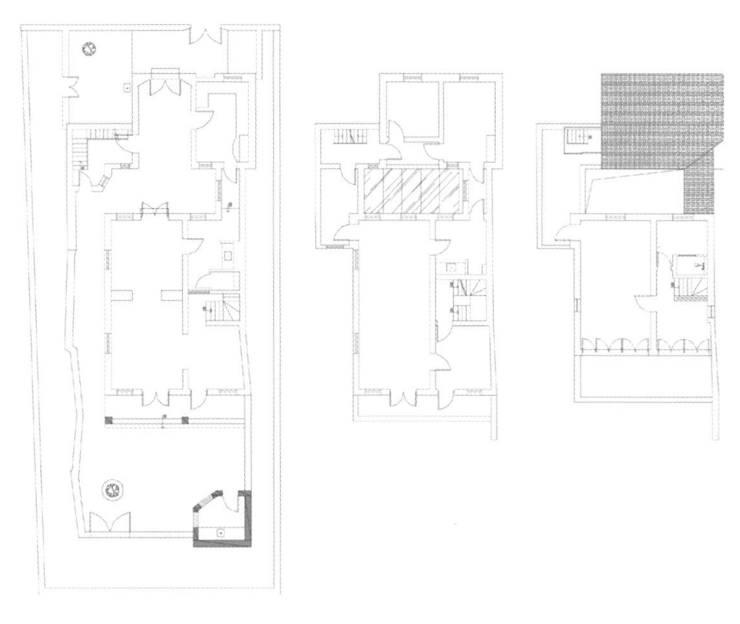

左：入口
右1、右2、右3、右4：庭院假山林立

左1：客厅
左2：餐厅
右1：卧房
右2：窗外的风景
右3：洗手间

LiuYing Hotel West Lake Hangzhou

杭州西湖柳莺里酒店

设　　计：谢 天
参与设计：陈明建、陈程、徐伟、黄海岑
面　　积：20000 m²
主要材料：硅藻泥、竹子、花岗岩大理石
坐落地点：杭州
摄　　影：金选民

在我的设计中，始终有三条线索贯穿于空间之中，或隐或现，相互交织，时分时合，这是一种自然而然的结果，是一种兴趣上的殊途同归。童年记忆是作品中经常出现的印记，我的童年在江南乡村中度过，有时间和空间上的，也有一些细节的记忆。第二是对传统文化和本土文化的思考，以及与现代文化的碰撞。第三是对环境生态的思考，当然更多的是技术层面的手段。

在设计中，这三个线索也蕴含其中，但汇聚成“竹”这一元素并不是同时的，表现形式也有隐有现。竹作为士大夫精神品格的体现，同时还具有完全不同的另一面，我称之为民艺精神或民间精神，这是一种接地气的朴素。它的质朴和易加工，构成了江南民间最常见的各种生活器皿，这种手工制品渐渐被各种没有感情的工业制品所代替，留在了记忆里。

对酒店空间的改造是从竹的材料性入手，当然，物尽其用自然要利用现代技术手段制造更多的可能性，因此地板、屏风、护墙板、吸音板甚至桌椅都是这一设计原则的产物。也适当运用了一些现代材质，如艺术玻璃、金属和硅藻泥，或作为背景，或作为点缀来丰富空间的多样性。对装饰品的思考与设计，更多的是对童年时光的追忆与隐喻。这一思路可概括为“童年—民艺—手工制品—艺术造型”的逻辑。最为突出的是在墙面设计了一组 50 余个大小不同的斗笠编织，以完整的艺术形象出现。站在它面前，听到的是雨水打在斗笠上的沙沙声，闻到的是青草与泥土的湿润，“青箬笠，绿蓑衣，斜风细雨不须归”。另一方面，竹制品良好的生态性与廉价的造价优势也是考虑的重要方面。

在设计中，竹是一种民间艺术与童年记忆的体现，是一种材料性的体现，这条线索是显性的，而作为艺术性则是半隐半现的，作为生态性基本是隐性的。

左：洞中见景
右：墙面上的斗笠编织

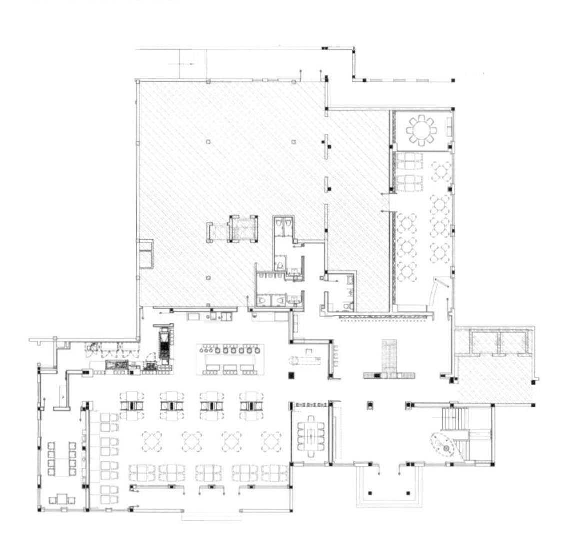

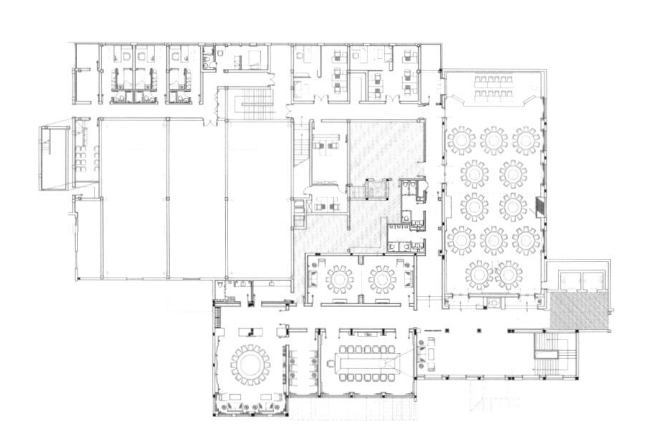

左1：顶部的梁架结构
左2、左3：休闲区
左4：餐厅
右1、右2：客房

Radisson Chongqing South Hot Spring

重庆南温泉丽筠酒店

设计单位：重庆年代营创
设　　计：赖旭东
面　　积：30000 m²
主要材料：水曲柳、雅蓝石材、拉丝铜
摄　　影：黎光波、图摄空间

重庆南温泉丽筠酒店坐落于风景秀丽的重庆南温泉风景区，作为一家国际五星级以温泉为主题的酒店，设计师希望能打造一个以“水”为主要元素的别具一格的温泉度假休闲酒店。好的酒店设计不能仅仅只是带给住客第一眼的惊艳，更要经得起住客对酒店品质感、舒适性的考验。设计师经过了仔细思考，希望能在丽筠酒店将品质感、舒适性与“水”元素做到完美的结合，给客户带来宁静舒适的住房享受。

酒店大堂以灰色调和棕色调为主，搭配蓝色和绿色的软装配饰点缀，调性清新、高雅。大堂中间采用独特的水花造型雕塑作为装饰，让整个大堂空间一下子活跃起来，做到静中有动，动静结合。酒店客房主要也以沉稳的灰色调和棕色调为主，造型简洁，为避免空间过于冰冷，在陈设上辅以暖黄色调做点缀，给住客带来温馨的人情味。除此以外设计师在房间也特别运用了一些特制的具有“水”元素的挂画和装饰，如溅起的山石状水花、特制的水涟漪装置饰品，让房间生动有趣。

设计是建立在整体平衡之中的创意或者创新，通过硬装的材质搭配，辅以灯光和特制的软装配饰，精雕细琢出了丽笙酒店舒适宁静的东方品质感。

左：独特的水花造型雕塑
右1：大堂
右2、右3：大堂以灰色调和棕色调为主

左1：对称布局的餐厅

左2：会议室

右1：走道

右2、右3：沉稳的客房

Ziju Boutique Inn

子居精品客栈

设计单位：顶贺环境设计（深圳）有限公司
设　　计：何潇宁
参与设计：邓承斌
面　　积：500 m^2
主要材料：混凝土、灰砖、水泥瓷砖、旧榆木、老船木、竹钢、刨花板、金属铁、石材
坐落地点：深圳
摄　　影：井旭峰

本案位于深圳东部最美的海岸线上大鹏古城的较场尾海滨，较场尾原是明清时期驻防大鹏古城的军人家属们沿海聚集的自然村落，最近几年自发形成为民宿聚集地。客栈取名“子居”，取《何陋轩记》中孔子“君子居之，何陋之有？”之“子居”二字，寓意为君子之居所。

子居由老宅改建而成，采用当地灰砖、灰瓦与混凝土及钢构相结合，外观虽以现代建筑的形态展现，但因用材质朴无华，低调地与周围村落融合为一处，仿佛是从来生长于此，静观潮涨潮落，花开花谢。

子居共四层，首层为带院落的公共区，二至三层为客房区，四层为露天多功能区，共有8间舒适个性的客房。从民族风的大宅门步入客栈，迎面是潺潺迎宾流水壁；右手边踏上几级台阶，观海平台上温润的海风扑面而来；左手边凉亭下的九里香正花开满树，静谧的院落中花香满溢，沁人心脾。

穿过舒适的院落进入室内，公共区设有会客厅，开放厨房，餐厅及书吧。受限于原建筑占地面积小及砖混结构的限制，空间不大且不方正完整，设计师把限制作为条件，螺蛳壳里做道场将空间善加利用。首先对室内的交通动线进行了重新规划，将接待、会客、餐饮、书吧、会议等功能有机地组合在一起，同时利用园林借景的设计理念，将院落景观延伸进室内，使室内与室外巧妙地融为一体。

踏着简约钢构楼梯来到客房区，经过重新规划的垂直交通动线，将原来的5间客房增加至8间，客房内饰简约明快，旧原木家具搭配当地民族风饰物，个性而温馨。来至屋顶，登高望远把海临风，又是另一番情趣。在竹钢搭建的露天棚架下，

或把酒言欢或三五品茗，与大海遥相呼应下，自成一个随遇而安，轻松自在的小天地。

子居室内外用材均质朴环保，多为裸露的混凝土搭配再利用的老船木家具及竹制品，旧原木及竹木的温润肌理搭配当地各式的民族风饰物，空间里的一切流露出自然而然的舒适与温馨。设计师以基于民族情怀的自然哲学，营造出一处与环境和谐共生的世外桃源。

大隐隐于市小隐隐于野，拂去都市喧嚣，自然生长之慢生活让人真正回归心灵。

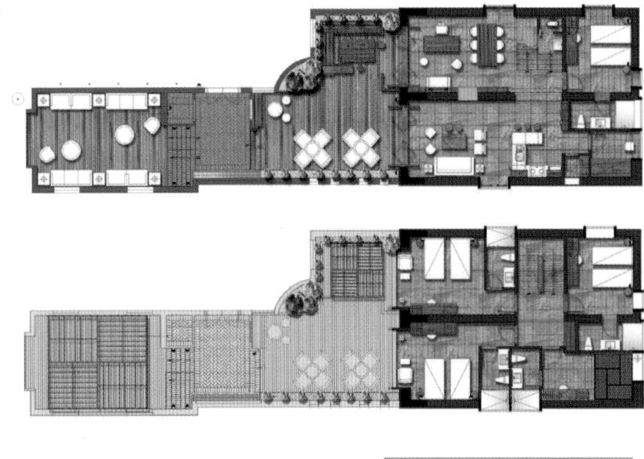

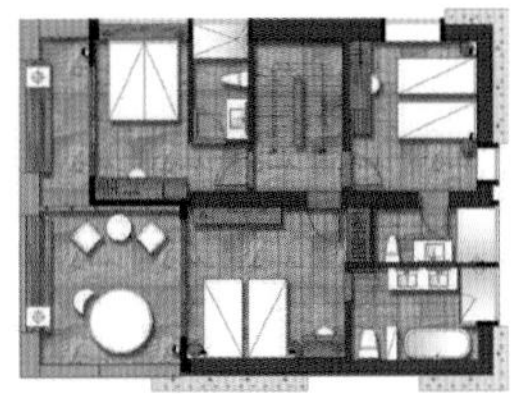

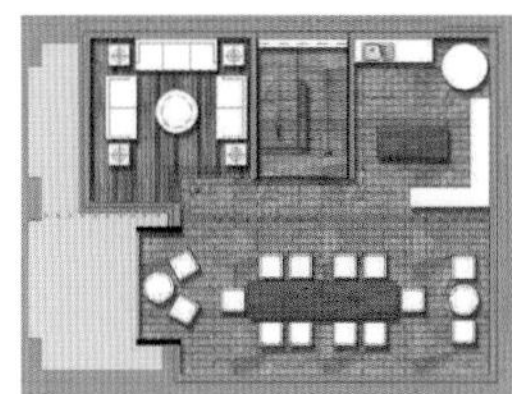

左1：外景
左2：楼梯
右：前院餐吧

左1：明亮的客厅
左2：卧室
右1：餐厅
右2：屋顶露台

Qinglu Hotel

青垆

设计单位：杭州观堂设计
设　　计：张健
面　　积：460 m^2
主要材料：水泥、红砖、六角砖、金属
坐落地点：浙江德清
完工时间：2016年9月
摄　　影：刘宇杰

青垆位于莫干山镇附近的梦溪湖别墅区，可近距离感受江南的山青与水秀，却不用承受景区里的嘈杂纷乱，闹中取静，特别适合精心度假的人群。

入口处以清水泥铺设墙面与地面，线条明朗，简洁大方。大厅里采用水泥裸坯墙面处理，地面与吧台铺设水泥色的六角砖，搭配复古椅凳与壁炉，营造轻松明快的北欧风。

青垆的房间根据建筑的自身条件，因地制宜地进行房型设计。有的将墙体顺势破洞，成为卧室与洗漱间的过道；有的窗口处空出一块，可作为书房阅读空间；顶层有尖顶斜坡，营造一个舒适宽敞的卫生间，干湿分离，还享有露天的采光。

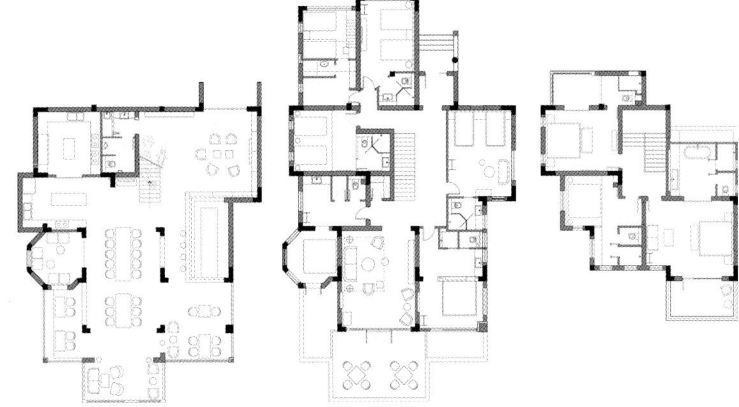

左：清水泥铺设墙面和地面
右1、右2：六角形地砖
右3：餐桌

左1：复古椅凳与壁炉

左2、左3：窗外有风景

右1～右3：客房

Caosu Hotel

草宿

设计单位：杭州观堂设计
设　　计：张健
面　　积：650 m²
主要材料：石头、木质
坐落地点：浙江台州
完工时间：2016年10月
摄　　影：刘宇杰

台州胜坑村四面环山，生态保持的非常好，业主租下了整片村庄，改造从这一栋开始。

建筑本身由石头建造，非常有特色，但内部因荒废多年，年久失修，摇摇欲坠。设计师竭尽所能地保留修缮了建筑本身的石头、木梁，并对其进行不露痕迹地加固，既保留特色，又确保安全。

由于石头材质本身比较坚硬冷酷，所以室内多采用了木质材料用在地板、楼梯、床以及家具上，一来以木本色来回应建筑的质朴，二来增加室内的温馨体验。

一楼大厅保留了建筑原有的土灶，具有历史意义，也具有人文特色。边上搭配经典 SMEG 冰箱，时尚与质朴的对比呼应，形成强烈的视觉与感官冲突，令整体空间充满趣味。

左：外景
右1：红色冰箱
右2：室内多采用木质材料

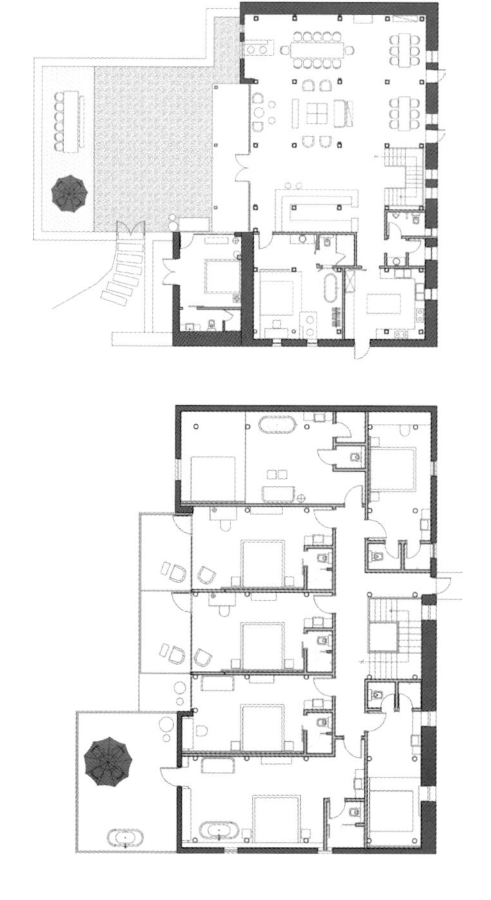

左1、左2：温暖的质感
右1、右2：客房
右3：露台

Hyatt Place Luoyang

洛阳凯悦嘉轩酒店

设计单位：深圳毕路德建筑顾问有限公司
设　　计：刘红蕾、何海军、黄健、邢益省、梁小梅
面　　积：20695 m^2
坐落地点：洛阳

"华林满芳景，洛阳遍阳春"，风光旖旎，天气宜晴，唐太宗李世民的诗，将洛阳的遍处芳华一笔道出。十三朝古都，文化滥觞地，深厚的历史文脉，是我们拨开一切浮夸的假象后产生的强烈感受。

兼容地域特色，引领商务休闲旅行方式，是我们和凯悦集团多次合作建立的信任和一贯的宗旨。在场所关系的营造中，流动的时间有了相互对话的可能，定格的历史和瞬息万变的当下交织与重组，变幻出更多的惊喜。这是一场穿越时空的设计爱恋，我们并没有墨守成规，也非天马行空，挖掘城市的精神核心，结合年轻商旅人士的群体诉求，通过摩登的外在风貌，赋予场所以非凡的生机与活力。对于一座都市新地标的构建，我们充满了想象和信心。

设计秉持凯悦品牌的核心理念，强调简约、休闲的属性，重新审视并以现代抽象的方式，表达洛阳这座千年古都别具底蕴的城市印象。厚重的深灰色和温暖的橙色基调，巧妙平衡了古老和时尚之间的关系。灰色是从洛阳经典的龙门石窟、层叠的塔檐屋瓦中汲取的意象，橙色则来自绚烂的唐三彩陶瓷艺术、十三朝帝都的君王气韵。

酒店各功能空间配合光影在 6 层的空中大堂交汇呼应，提升了整体环境，营造开放及真诚的氛围接待宾客。设计师在公共区域沿墙设置了独特的多用途咖啡廊总台，鼓励客人之间的社交活动，同时提供酒吧、服务前台和入住接待等多项服务。抛光石材、黑铜、肌理玻璃和暖色木质的运用，沉静与活泼相映，力量与轻盈相依，微妙的纹理和雕刻形式在其中得以诠释，焕发出巧妙的层次感。可移动的屏

风元素既保持了空间区域彼此的通透与联接，又激发了客人不断探究的好奇心。

如同一段丰富的旅程，酒店设置了层层引人入胜的场景，引发旅客不断探索。较小的首层门厅以谦卑的姿态仅作为一个铺垫。接待大堂透澈敞亮，桌椅、沙发和靠垫都进行了丰富的混搭及多变的面料纹理。旅客在不经意间遇到的艺术品则呈现出独特的人文韵味；牡丹纹样的陶制瓦当清雅美丽，意象式的水墨画刚柔并济，客房的抽象肌理油画对洛阳山水做了时尚的演绎。在阳光氤氲的午后静坐一隅，墙面大幅醒目的红色意象山水画使人仿佛置身在金谷春晴，带来戏剧化的愉悦体验。在星光如许的夜晚来到健身区泳池入口，斑驳的石雕配合灯光在深浅渐变之间，似乎漫步于龙门山色，享受静谧的温暖片刻。每个细微之处的发现都是一次情感的萌发，种种隐藏的意外惊喜，均透露出设计师一丝不苟的缜密巧思。

面对这座充满传奇的古都，我们以国际化的视野为酒店注入面向未来的灵气与风度。严谨而有趣的设计，让忙碌的都市白领、"空中飞人"们不论在此休闲会友还是商务会晤，都能感到耳目一新的体面、便利与安逸，更触发了年轻一代乐观的生活想象。

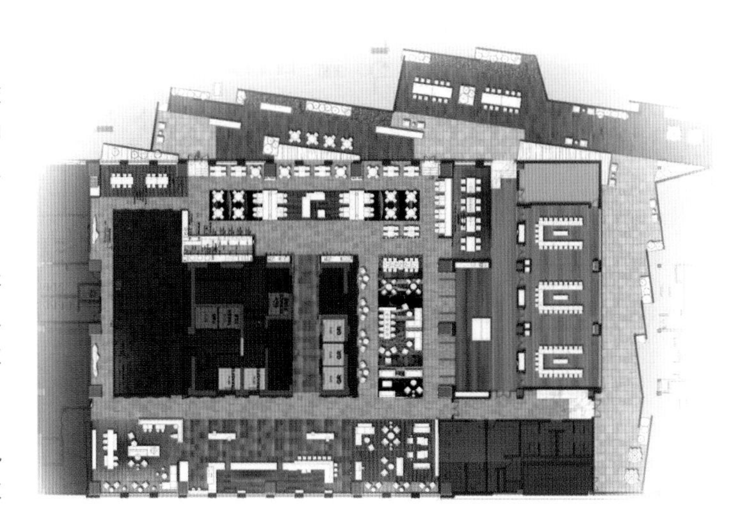

左1、左2：大堂
右1、右2：暖暖的橙色

左1：可移动的屏风
左2：楼梯
右1：过道
右2：客房

Sheye Yizhai

奢野一宅

设计单位：温州大墨空间设计
设　　计：叶建权
参与设计：杨趋
面　　积：400 m²
主要材料：水泥、白色乳胶漆、老木板
坐落地点：杭州
完工时间：2017年4月

这是一套老房子的改造项目，为脱离城市中喧嚣嘈杂的生活，回归到最简单、最淳朴的生活环境，让人感到宁静放松，让人与建筑、建筑与自然相融合，平衡现代化城市发展带来的环境问题。

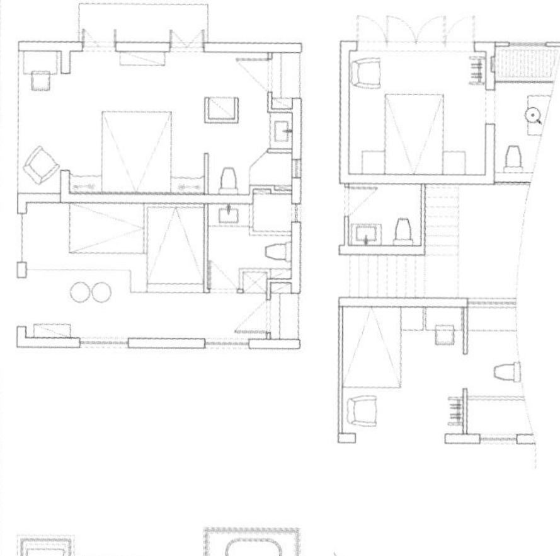

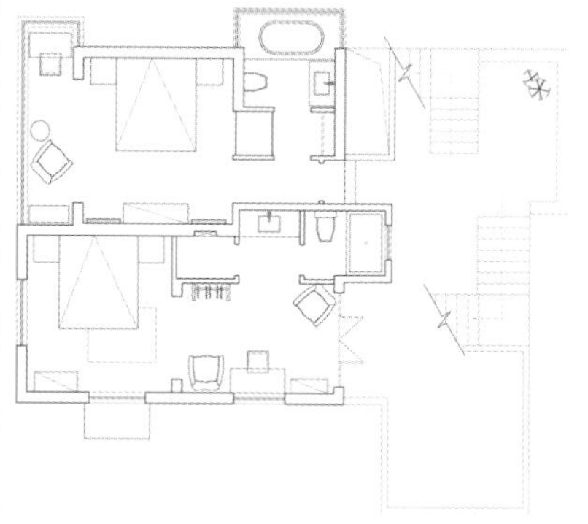

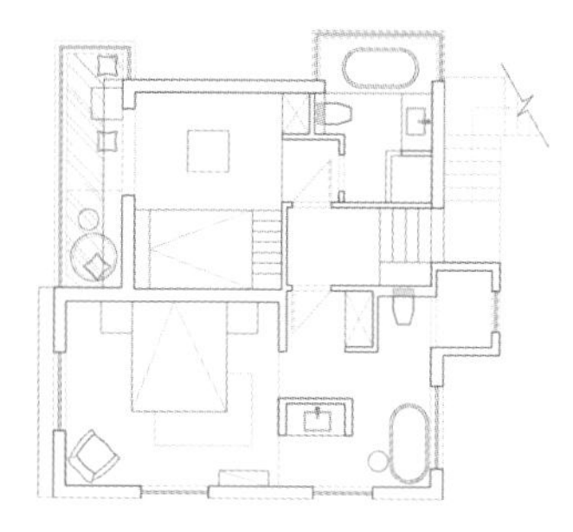

左：外立面
右1：楼梯
右2：木质餐桌

左1：阳光从顶棚洒入
左2：休闲区
右1、右2：客房
右3：玻璃房
右4：洗手间

QUBE Hotel Jingzhou

荆州铂骊酒店

设计单位：奇遇联合酒店顾问有限公司
设　　计：李昱
参与设计：Anne Lefferson
面　　积：5000 m²
坐落地点：湖北荆州
完工时间：2016年7月
摄　　影：Shotaround studio- Ryan

荆州铂骊酒店是绿地集团新成立的酒店品牌，它致力于打造成为富有年轻和活力的高端商务酒店品牌，从而进军国内和国际 3 星市场。我们被邀请成为这个年轻品牌的室内设计单位，而我们的设计灵感来自纽约与香港，将最好的国际视野概念结合本土的观念，对大堂、酒吧和全日餐厅三部分区域进行设计。

荆州铂骊酒店位于火车站对面的广场，占地面积为 49,737 平方米，18 层高的建筑。只要步行 10 分钟便可以到达老城区与荆州古城墙。酒店拥有 279 间舒适温馨的客房及套间，包括 60 间行政套房。

20 世纪 70 年代的纽约现代奢华风格是交织了古典与现代，所以我们采用织布机作为设计灵感，交织了三种色彩，在天花板上的纹理图案便很好地诠释了设计语言。天花上的 LED 灯温柔的灯光照亮了整个大厅，营造出让人感到舒心和宁静的气氛，与建筑外的热闹火车站形成了强烈的对比。

灰色的大理石与白色的装饰面创造出老城区的色彩，黄铜屏风完美地区分公共与半公共休息区域，设计劲道的天花与金属屏风掩映着繁华落尽的平静。大胆与鲜明的色彩源源不断地注入了新能源，从而改变了现代主义的定义，风格简单而又纯洁。

大堂的吊灯灵感来源于中国传统文化中的灯笼，纺锤形的大堂吊灯与屏风交织，交相辉映。相对应大堂空间的双重高度的戏剧性和豪华性，体现出酒店的灵魂宗旨——殷勤好客。鲨鱼皮式的红色皮革墙，给大堂注入了不同的元素，皮革间的黄铜装饰如同密集繁华的都市中心的交通枢纽。

秉承各种色彩交织的设计概念，利用横竖分割的线条和体块切割空间，光线和色块交织，表达我们对待现代都市与古老城镇的定义与联想。

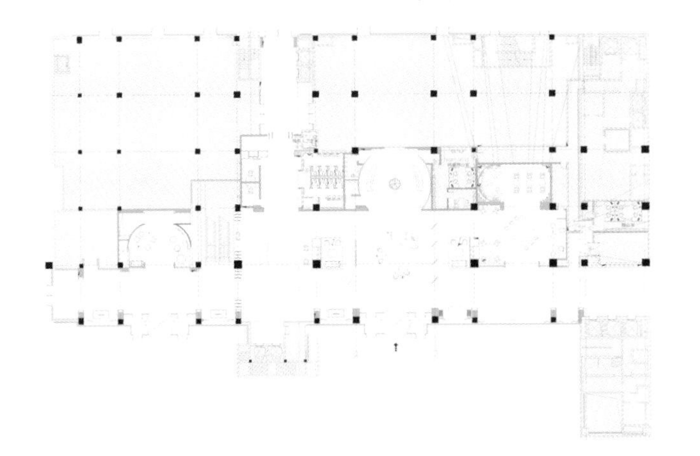

左1：金属屏风

左2：纺锤形的吊灯

左3：金属和光线的交织

右1：一道光线穿过了丛林

右2：大堂

左1：接待前台
左2：性感酒吧
右1：跳跃的色彩和光线
右2：色彩是空间里不可缺少的语言

Mount Huang Shanshuijian Xixin Lianjiu Hotel

黄山山水间喜新恋旧酒店

设计单位：安徽省和同装饰设计有限公司
设　　计：陈熙
面　　积：2800 m^2
主要材料：老木头、素水泥、编制麻布、硅藻泥
坐落地点：安徽黄山
完工时间：2016年10月
摄　　影：周跃东

本案的亮点是徽州老宅的保护与利用，一座在原址上修复的老宅外面盖了一幢时尚的现代建筑，新与旧形成一种强烈的对比，设计师在保护徽州老宅的前提下对室内空间做了大胆的改造。充分考虑现代人的生活舒适性需求，在隔音、采光、通风、采暖以及功能设计上充分满足经营需求。在新楼部分充分利用项目的优越位置，让每个房间推窗有景，客房设计极为简洁自然。设计本着因地制宜、就地取材的原则，大量使用了当地的旧木材，且大部分的家具都是出自当地老木工之手，环保且具有明显的中国徽州地方特色。

我们并不强调什么风格，让它自然形成并让经营者与消费者都愿意接受并喜欢，让来的客人感觉轻松自然，舒服得不像酒店。

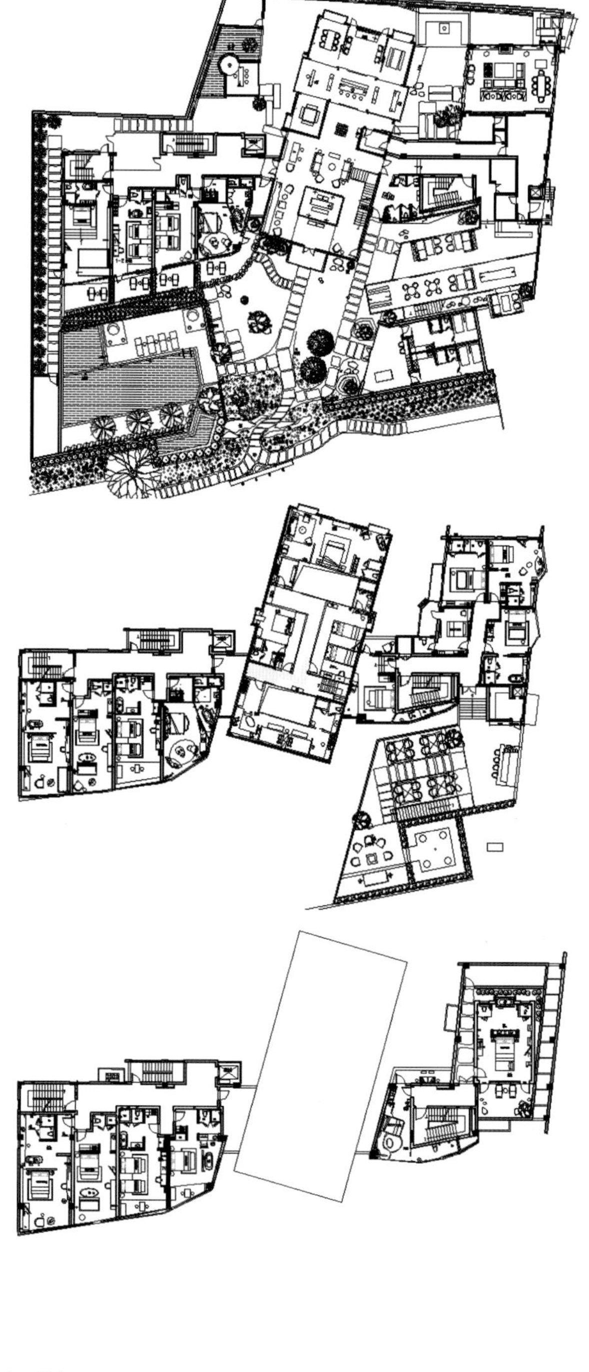

左：外景
右1、右4：空间局部
右2：老宅入口
右3：佛像

喜新恋旧

左1、左2、左4：茶室

左3：休闲区

右1、右2：餐厅

左1、左2：上下层的客房

右1、右2：简洁的客房设计

Waku Yushe Hotel

瓦库·余舍

设　　计：余平、孙林

面　　积：2000 m²

主要材料：旧木、砖石、砂灰

坐落地点：洛阳

完工时间：2016年7月

“余”可以是“我”，可以是“多余、剩余”，“舍”故名之意为“房子、房间”，“舍”有余而赁，“余舍”起名之初就是“拿出自己多余的房子与人共享”，因此就有了“43 间客房等你来”之副名。

外立面的起意，因为有了旁边“瓦库”的“瓦”而为，把“瓦库”的“瓦”继续延伸，形成了一道“用瓦编织而成”的巨幅瓦图，人在其中，望着窗外川流不息的车流。室内静谧，阳光洒到白色墙上折射的光影、木头的清香、棉花的柔软、袅袅的茶烟在若有若无的音乐中飘起，时间慢慢滑过室内没有一片瓦的“有瓦的日子里”。

“让阳光照进、室内流通”是设计师一直坚持的设计理念。因此在选择“余舍”大门入口时，把位置留给了可以让阳光最大限度照进的最南面。“吐故纳新”的吊扇当然是不可或缺的主角。

“形”为归本，“余舍”在设计过程中，基本上没有改变原建筑的语言，顺势而为。“色”要谦和，墙面自然的本白色批砂和陈年的“老炕砖”，让空间自然而有温度，有限的光线透过阳光可以穿透的地方全部反射，创造出无穷美妙的光影。

“质”有触感，“余舍”在材料的选择和使用上，无论是木（老桐木、老松木都拒绝油漆、反复打磨）、砖（经历过风雨、有岁月的痕迹）、瓦、棉，都是具有生命属性的、可以呼吸、愿意触摸的，所有尖锐的地方都被尽可能去除，让室内柔软而有温度。

“余”出之舍：含着主人的温度。“余”烟袅袅，“余”音缭绕，“余”味不绝，“余”兴未了。

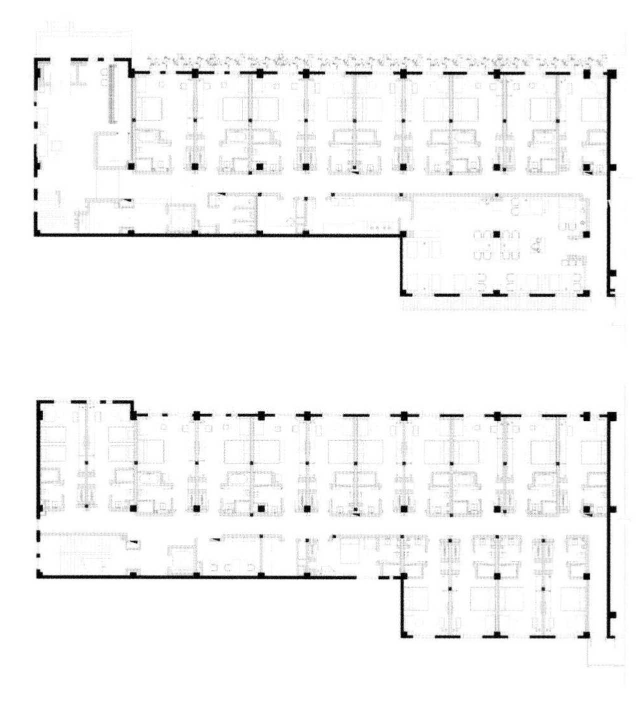

左：外立面

右1、右2：大堂

右3：早餐厅

左1：过道
左2：余舍标志
左3：光影
左4：楼梯
左5：地灯
右1、右2：客厅

Shudetang Hotel

澍德堂酒店

设计单位：鲲誉建设
设　　计：吕鲲鹏
面　　积：1200 m²
主要材料：原木、玻璃
坐落地点：安徽呈坎

白墙黑瓦石板路，稻田荷塘小拱桥，徽州展现的是最传统最经典的中国美学，这种美，使寻常人间的烟火生生不息。

一见倾心

初见徽州便沉迷其中，徽派建筑素来重视山水的灵气，造型简洁的黑白房屋低调地出现在青山绿水之间，便是一幅浑然天成的水墨画。这般温婉清丽，巧夺天工的繁复雕花和令人叹为观止的精巧结构，让从事室内设计的我对古代前辈的智慧赞叹不已。

二亩老宅

徽州古村呈坎的这 7 栋老宅虽然破败，但一切元素都和印象中的徽派建筑一样：灰瓦、荷塘、马头墙、石板路。步入老宅，主建筑是鹅舍，房间堆放着杂物，有一栋沉睡多年的老宅等你去唤醒，对设计师来说是可遇而不可求的缘分。

连成一片的 7 栋老宅毗邻长满了荷花的永兴湖，主人告诉我要做一家民宿。苏彤是宋代文豪苏辙的第 38 代后人，苏辙借诗抒怀："我欲试求三亩宅，从公它日赋归欤。"祖辈都是徽商的她用家族的商号为老宅取名澍德堂，澍，是及时雨的意思，雨水在徽州是大善。

三番思量

面对老宅，只能去学习尊重、尝试理解。将所有建筑构件全部保留，这是徽派建

左1、左2：徽派建筑
右：古朴宽敞的茶室

筑的灵魂，把自己看做一名修复者而非建造者，只是去改造宅子内部的使用功能，而不改变外部面貌和气质韵味。这是一个复杂的过程，16 间客房，因地制宜设计了 16 个户型。

初见澍德堂，在绿荫掩映中寻到低调的木门牌，推开两扇柴扉，沿着长满青苔的小路走进去，犹如初见桃花源的武陵人，豁然开朗，推开每一扇门，都是风景。徽商相信“暗室生财”，徽派老宅不免偏暗，改造过后的澍德堂明亮而通透。为一楼的一间客房装上了一整面玻璃墙，独享后院静谧的同时，也有了满室阳光；阁楼卫生间开了一扇天窗，日光与月光兼得；古朴宽敞的茶室与整片荷塘仅有一面玻璃之隔，闲看花开花落，静品茶苦茶甘；前台区域的两棵大树蔽老宅多年，地位举足轻重，自然要好生用玻璃围起来加以保护，还能趁机借得一缕天光。

大量玻璃元素的应用，既改善了自然采光、提升了空间感，也为中式的老宅带来了轻盈的现代气息。餐厅外面的天井大胆加了一个透明的屋顶，便有了一方既有风景又无风吹雨淋的室外餐区。至于那面被雨水冲刷多年的老墙，深深浅浅的印记里承载了太多故事和记忆，那就不要用雪白的涂料去覆盖了吧。

只选用天然材料，16 间客房配备了造型简洁古朴的家具，在保证舒适度的前提下，几乎没有任何冗余的装饰，色调是亲切温和的原木色，一切都在为老宅本身迷人的韵味和窗外秀美的风景画卷让步。餐厅吧台选用的是产自徽州黟县的天然石材黟县青；公共区域卫生间的洗手盆，其实是一口老井的井台；中庭楼梯的围栏和屋顶是由一根根粗细相仿的竹子拼接而来。把空调、地热、新风等现代设备尽量隐藏。出于安全、稳固和隔音等因素考虑，原有的木楼板则被换成了钢混结构，这些并不抢眼的改造，犹如为老宅换了一颗强有力的年轻心脏，让它的勃勃生机得以延续。

四水归堂

徽派建筑的典型格局是高墙小窗围出一个方方正正的天井，讲究的是“四水归堂”。徽州多雨，最美不是下雨天，而是滴水成线的屋檐，当雨水洒下，屋檐飞水落在老石板上，滴答声不绝于耳。古人晴耕雨读，大概是因了这悦耳的背景音吧。地面和门槛的排水都做了重点处理，让人有听闻雨声之悦，而无地面积水之苦。

16 间房建了一年多，无论是房间还是公共区域，我始终坚守着自己初见荷塘便定下的设计原则：尽可能让每位客人都可以零距离的亲近外面那片荷塘，推窗见花，开门近湖，这道典型的江南风景与老宅相得益彰，共同组成了一幅许多人梦寐以求的生活美学画卷，让每一位住进来的人都能够“居善地，心善渊”。

“青荷包饭蒲为菹，修然独往深渊鱼。”这是 900 年前苏辙理想中的生活，在今日的澍德堂，终于实现了先人的愿望，也为老宅献上了作为设计师的敬意与诚意。

左1：透明的屋顶
左2：窗外有荷塘
右1：大堂
右2：天井
右3、右4：楼梯的围栏由竹子拼接

左1：过道
左2：亲切温和的原木色
右1、右3：客房
右2：静谧的后院

Xingluo Haiye Homestay

星罗海野

设计单位：温州大墨空间设计
设　　计：叶蕾
参与设计：叶建权、杨趋
面　　积：400 m²
主要材料：石墙、水泥、白色乳胶漆、老木板
坐落地点：浙江温岭
完工时间：2016年10月

本案位于浙江温岭的一个小渔村。原本是一个废弃的石头屋，屋顶甚至没有瓦片，只是石头墙。我们希望通过设计既还原原本石头屋的样貌，又符合人们如今对于居住空间的品质追求。

我们不想掩盖住石头房本身的特色，所以在材料运用上，尽可能做到简单，选用了水泥、白色乳胶漆、老木板等。在设计上，希望做好结构，剩下的就只要是符合环境的陈设就可以，其中许多陈设也是自己设计的。再融入一些与业主相关联的东西，如墙上的插画就是根据业主所在的环境来制作完成的，这样会让空间更加有生命力。

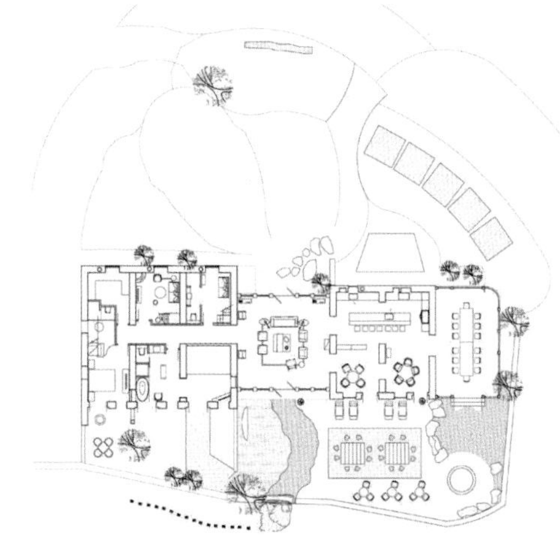

左1、左2：石头屋外观
右1：客厅

左1、左2：狭长的楼梯
左3：竹子天棚
右1：有层次的空间
右2：卧房

Boyin Inn

泊隐客栈

设计单位：FCD•浮尘设计工作室

设　　计：万浮尘

参与设计：唐海航、吴磊、何亚运

面　　积：432 m^2

主要材料：青砖、木地板、白色肌理水泥、竹柾、鹅卵石、地砖

坐落地点：苏州

完工时间：2017年4月

摄　　影：潘宇峰

本案位于苏州的树山生态村，于重山之中，意在打造一处淡泊以明志，宁静以致远的驿站，如此看它，就像是大自然在这里伸了个懒腰，偷了个闲。大隐隐于市，小隐隐于野，隐于野，即便是小隐，也别出心裁。穿过月亮洞，蜿蜒曲折的小路指引归途，哪怕是布满荆棘，思绪回到童年的野趣，追赶、躲藏、卸下心防。推开大门，屋内一汪池水，即是归处，停泊靠岸，将时间定格于此。

地面的人字铺砖和墙上的青砖慢慢诉说着古老的故事，赠你窗外的一片绿意和山间的虫鸟鸣唱，品香茗，打禅，青山近在咫尺，静心享受大自然的馈赠。选用朴素的自然材质，本是在苏州这样的一座古城中，以青砖，老瓦，竹丫为主要元素，忠实于材料天然的真实感，最大程度的减少修饰加工，给人一种粗犷又温暖的感受。

在功能上，入口须经过带有户外休闲区的前院再进入室内，总台与楼梯穿插又衔接，打破规整的禁锢，显得空间古朴而又有趣，再转入二楼，共享大厅带有鱼池的桌子将一二层联系在一起，与窗外的山景动静结合，使得空间不乏味，在此无论是看书或品茶都别有一番风味。最大限度地将外部的景色引入客房，运用了大面积的玻璃窗，将光影效果运用到极致。

左1：夜景

左2：月亮洞拉开了序幕

右1、右2：大厅与前院相结合

右3：新与旧的结合

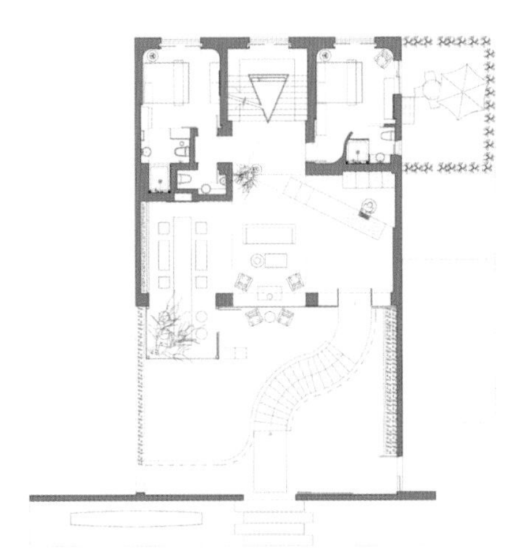

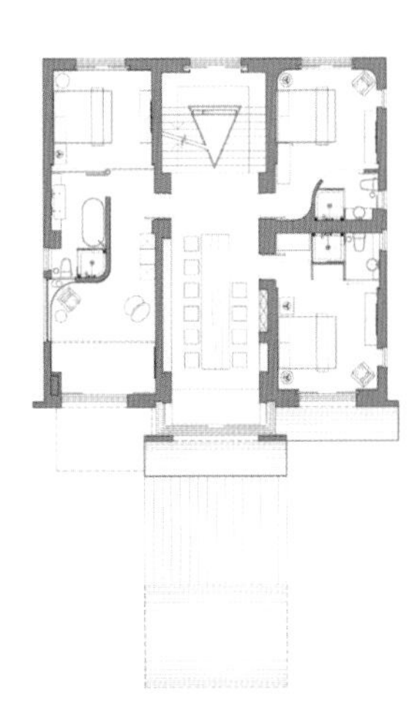

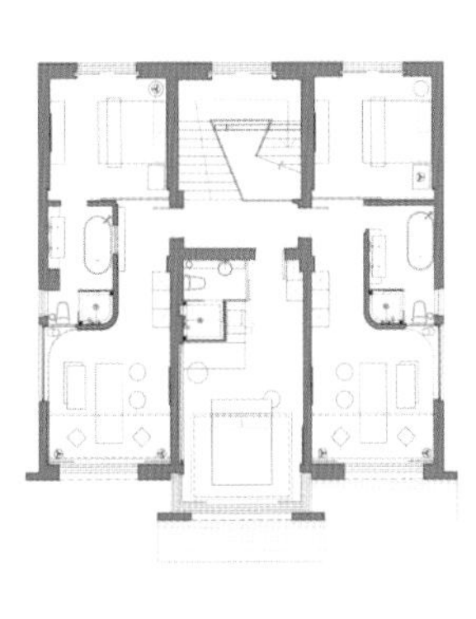

左1：在光影中穿梭的鱼儿
左2：异型楼梯丰富了空间
右1：利用竹子作背景墙
右2、右3：客房古朴又现代

Jiyuan Old Arsenal Hotel

济源老兵工酒店

设计单位：上海农道乡村规划设计有限公司
设　　计：宋微建
参与设计：于万斌、施继
坐落地点：河南济源
完工时间：2017年3月

老兵工酒店位于河南省济源市思礼镇的一个小山村郑坪村，由四栋老兵工厂建筑及两栋新建建筑构成，建筑之间由廊道连接，总用地面积 9423 平方米，建筑占地面积 2023 平方米，建筑西边群山环绕，东面为主要道路水牛线及主要水系塌七河。这里曾经是一个保密的兵工厂。1969 年，十万大军进驻这里，开始了热火朝天的三线建设。修路、打井、筑河岸、修厂房，在艰苦环境下用一年的时间，建成了全部的基础设施。

老厂房是一个时代的印记，赋予它新生的改造不仅要使其满足功能需求，更应保持原有浓厚的历史记忆。当老厂房、老物件，加上修补修整的一些做法和材料，放在同一个空间甚至同一个墙面上，让人一目了然看到时间的痕迹，造成时间与空间的错觉，这让整个空间更有趣味、更有深度。

改造之初，首先将建筑空间重新分割整理，在原有的 4 栋建筑之间加了 2 栋新建筑，改造后的酒店就由 6 栋建筑及一个洞窟构成，设有大堂、茶室、餐厅、库吧、客房等功能空间，建筑之间利用曲折迂回的廊道连接，既整合了空间又丰富了层次。“有山皆是园，无水不成景”，将水景引入院落，蜿蜒曲折的水塘穿梭于建筑之间，看似无意实则有意的将庭院分隔整合，丰富了人流动线和景观的层次，在缺水的北方城市，给来此的客人提供了更加丰富的体验。

室内设计突破传统的以空间为主角的方式，改为从老物件出发，带动整个空间的调性。大堂入口是整面的弹药箱筑成的墙体，地面的大块迷彩地毯、旧时的文件柜、老式壁挂电话机、浮着灰尘的老旧吊扇、铁链组成的黑色屏风，都以极为低

左：建筑外观
右1：餐厅散座区
右2：大堂

调的姿态将现代的元素与老物品完美融合。大堂吧里，墙壁上的工业矿灯，裸露的电源走线，简洁利索的金属吧台，无不映射着老厂房的工业背景。而中间的原木长桌给冰冷的工业风空间增加了自然的味道，上方的曲线吊灯则让整个空间灵动起来。

餐厅区域的豪华包厢里保留了大部分的原始墙面，圆桌上方一个 2.5 米高玻璃吹制的辣椒灯晶莹剔透，与粗糙的墙面形成强烈的对比，橘黄色的灯光由内而外散射出来，展示着新生的力量。散座区，弹药箱垒成的半高隔断将走廊空间分隔开，墙面上兵工厂的老照片向人们叙述着曾经的那些年。 客房共有 25 间，舒适度要大于体验感；墙面以干净的白墙为主，配上实木饰面，地面则是回收的老木地板，享受现代化设施的同时不忘岁月的积淀。陈设部分以原木配黑色金属、黄铜等极具工业风的材料，细节处彰显老兵工的主题。大堂南边 3 栋小方盒子是新建的茶室和咖啡吧，高低错落，由廊道连接，各具特色，外墙尽量打开，休闲小憩的同时，室外的风景尽收眼底。

老兵工厂曾有过辉煌，也经历了彷徨，四十年一路坎坷，它的新生不能完全的摒弃过去，也不能完全的复制过去。运用新的空间设计方法，将空间重新分散整合，通过陈设品及材料的表现力，重塑了老兵工厂的新空间价值。设计过程中注重环境与建筑的自然平衡，延续原始建筑的历史记忆与文化，同时将现代的语言融入其中，新旧有别，新旧共生。

左1：流线灯带

左2：原始的梁柱

左3：餐厅

右1、右2：客房

New Century Ningbo · Manju Hotel

宁波开元曼居酒店

设计单位：杭州东未建筑装饰设计有限公司/
　　　　　中国美术学院潘天寿设计院七所
设　　计：朱东波、王同冲、季衡恒、王伟
面　　积：13000 m²
主要材料：木地板、瓷砖、硅藻泥、老木头、席面、青砖、陶瓷
坐落地点：宁波
完工时间：2016年10月
摄　　影：林德建

在城市的发展中，人们不断回归平静的理性消费，精神生活不断的提高，我们应该反思，什么是好的酒店，什么是代表某个城市传统文化的好空间，什么样的旅店会在旅程中留下美好的回忆，那就是值得我们去营造的酒店空间：既现代又传统、有文化、安静私密、时尚而不张扬、投资合理、回报率不错、服务体贴、值得长远发展等。

宁波开元曼居酒店的室内功能定位于“精、简、时尚、高品质”，楼层分布为一层是接待大堂、书吧，二层是自助茶餐厅、小型多功能会议室，6 到 13 层为各有特色的客房空间。

酒店创意以宁波历史及当代城市传统文化元素为主线，如保国寺、天一阁、上林湖越窑遗址、安庆会馆、北外滩历史建筑等，在这些东西文化交融的建筑中提炼以民国筑船文化、木船、砖瓦为元素的主题，把这些有价值的元素符号、图案、色调等，经过硬装、软饰、家具、灯具等现代时尚的创意设计手段表现到特定空间中，使之有别于一般的商业设计酒店，在舒适、时尚、品质的空间中寻找文化的、历史的、城市的记忆。

酒店的设计风格，以现代时尚新中式风格为主，在设计意境中，把现代中式的表现方式融入地域文化特色，意图追求艺术、质朴、时尚、实用及优雅的东方空间哲学。在空间表达中，以现代东方的时尚表达中式之美。在空间实用功能方面，尽量体现当代年轻人的时尚居住品质，且在细节上下足功夫。

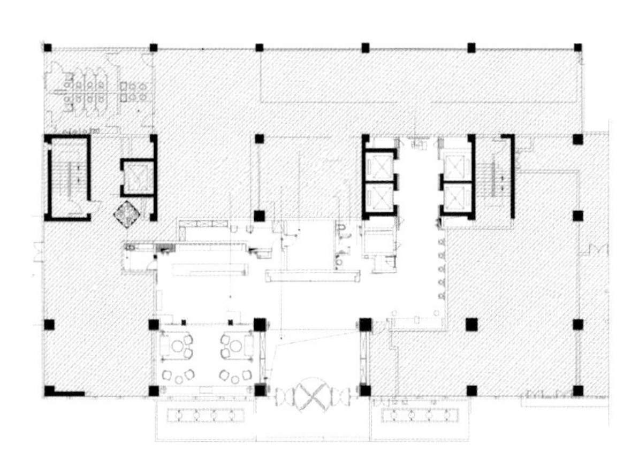

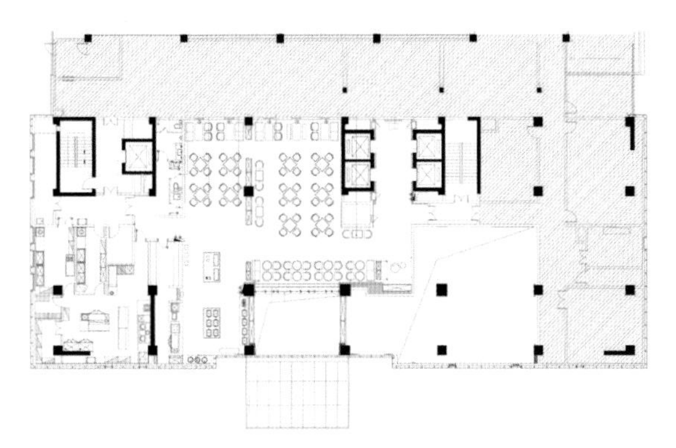

左：大堂
右：墙上是关于城市的记忆

左1：大堂
左2：温暖的色调
右1：操作间
右2：客房

Hampton by Hilton Guangzhou Zhujiang New Town

广州珠江新城希尔顿欢朋酒店

设计单位：广州集美组室内设计工程有限公司

设　　计：张宁

参与设计：李璇、许土华、周紫俊

面　　积：15000 m^2

主要材料：古堡灰石材、斑马纹木饰面、定制玻璃

坐落地点：广州

摄　　影：罗文翰

从大门进入酒店大堂，首先最吸引人的是大堂背景墙，仿佛城市的窗口为客人展示绚丽多彩的一面。多功能大堂集欢迎区、聚会区、休闲、商务于一体，大堂区的家具色彩明亮轻松，与不规则的地毯形成色彩对比，给予客人轻松自在的愉快氛围。

全日餐厅的家具融入清新的植物色系，与欢朋酒店健康、自然的美食观念相呼应。明档上方的明亮的彩色玻璃与深灰饰面板形成强烈对比，延伸大堂城市窗口的设计理念，同时也为取餐区增添一份活泼与热情。

多功能会议室满足不同的会议需要，不同场景的灯光模式更好的为客人服务使用。整个空间以理性的蓝色为主，运用色彩条纹地毯打破沉闷，给空间注入活力。

酒店客房可旋转的书桌，大床间不规则衣柜，套间开放两用的电视书桌，多种智能灯光控制模式，都体现欢朋酒店灵活利落的设计标准，迎合不同的功能需求。床背景墙以广州城市建筑为主题，搭配同色系的渐变玻璃，让客房在轻松温馨的环境中获得更好的空间体验。

左：大堂

右1：餐厅

右2：休息区

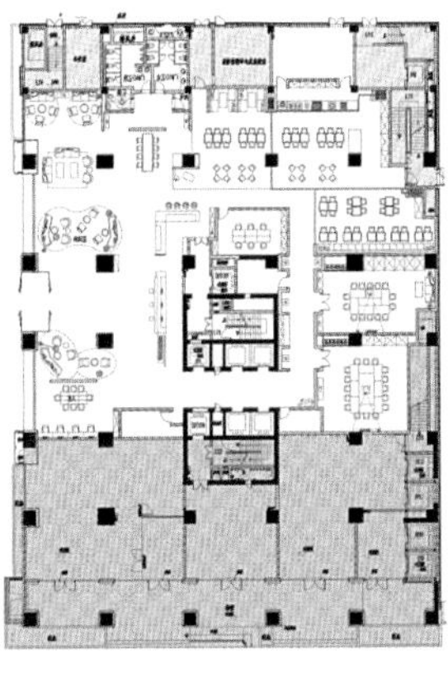

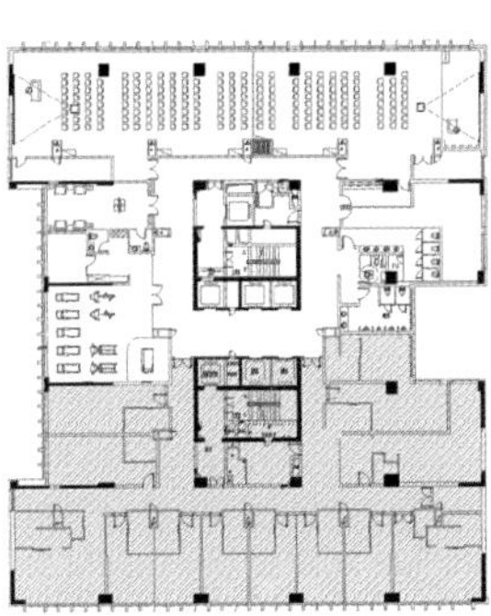

左1：客房走道

左2：大床房

右：套房

Huatian Huadi Inn 32# 35#

花田花地客栈 32号、35号

设计单位：Yao Liang建筑室内设计事务所
设　　计：姚量
面　　积：600 m²
坐落地点：温州
摄　　影：徐宁龙

花田花地客栈位于浙江省温州市洞头区花岗村，在整个村庄改建项目中只是数十栋文化创意商业空间、民宿、客栈、青旅中的一类，即住宿业态。

设计师在单幢不到 300 平方米的二层建筑中设计有 6 个客房 12 个床位，一层设计有公用厨房和餐厅户外阳光平台，二层原有四间客房，选择其中一间作为聚会区。而二层的过道加大了尺度和阅读吧的功能。这些上下配套的公共空间使得客栈有更多的入住形式，既有单房的入住形式，也具备了几个家庭聚会亲子和一些类型的小团体活动，另外一栋则在客房功能上设计了两个格子铺以满足更多类型团体活动的可能性。

设计在建筑形式上保留海岛石头房的原有墙体部分。在西面加建了一个玻璃餐厅，顶面形成了二层的户外平台，并且通过建筑外加建楼梯避开了上下层入户房间的动向问题。设计师认为日落时夕阳与海面天空产生的关系更能代表海岸渔村的自然景观，所以餐厅和一些户外的休闲区域都被设计在了建筑的西面。外墙在保留原有墙的同时，在原有建筑多次修建后的建筑外墙表面上用本地海沙与建筑外墙复合材料做了修整，希望原有建筑在改建后尽量融合当地环境。而景观植物则选用了海岛区域线内适合生长的一些亚热带植物和热带植物，使得最终显现更富有海岛建筑特性的环境。

花岗村本身是一个自然村。整村 110 幢建筑中基本以石头作为建筑材料，而在近半个多世纪的风雨中这些石头房经过了不间断性的返修，因而我们在原有建筑内部也看到了不同阶段的建筑材料。在完善居住舒适度的同时，尽量还原了这些斑驳的历史痕迹，并且其他装修材料都采用了材料本身的质感色彩。建筑二层背面原有的石头墙在改建后被大钢架玻璃体块取代，使得后山岩体原生态植物从视线上被引入了室内。通过建筑外墙改建与室内的结合，使得建筑主立面充分融入了整体渔村项目。建筑的内部和自然环境的关系上充分体现互通性、多样性和趣味性，设计师通过建筑和室内一体完成的设计，尽可能在修缮保留的前提下通过低成本低技术的植入业态，实现渔村生活和生产的复兴。

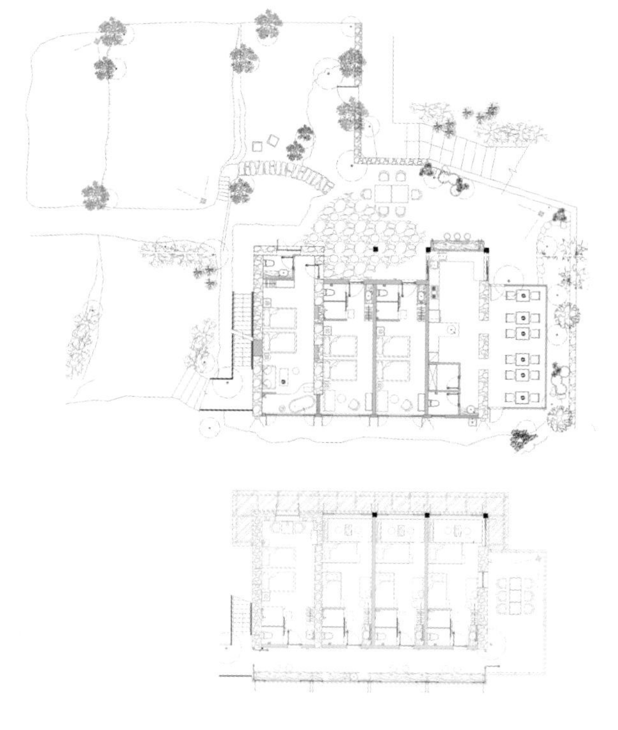

左：小景
右1、右2：就餐区
右3：室内外融为一体

左1、左2、左3、左4：细部

右1、右2：客房可推窗见景

Yichen Guesthouse

浥尘客舍

设计单位：李益中空间设计
设　　计：李益中
面　　积：560 m²
主要材料：钢结构、玻璃、原木、石材
坐落地点：云南大理
摄　　影：朱海

大理是个好地方，山高水长，气候宜人。2015 年的秋天几个朋友在大理玩，偶遇一房子，一见钟情便占为己有，想着年纪大了之后作为自己的退隐之地，现在偶尔住住，是自己的第二居所，平时当客栈来使用。

房子打动我的地方有两点。第一是这个房子与环境的关系，有公共绿地环绕，掩映在一片竹林背后；第二是房子的空间结构不错，而且里边有一个内向的小庭院。

设计一开始就是围绕这个中间的小庭院展开，这个内庭用玻璃钢构封闭成室内空间，成为一个充满阳光的中庭，以此为核心整理其他室内空间。接下来是掘地三尺，拓展了部分地下室的空间，包括一个下沉庭院。前院设置了一个水庭，并在旁边加叠了一个亭子，成为一个观赏池鱼和休憩的空间。屋顶为了更好的观景加盖了一层露台。如此，苍山和洱海的风景 360° 尽收眼底。所有这些改造工作都以不破坏原建筑风貌为原则，看似大刀阔斧，但其实都是依循建筑的设计逻辑反复推敲缜密进行的。通过对内部空间及建筑形态的梳理，打通了建筑从室外环境到室内空间的任督二脉，浑然一体。

我给客栈取了一个名字“浥尘客舍”，灵感来自于唐代诗人王维写的诗“渭城朝雨浥轻尘，客舍青青柳色新”。在被雾霾笼罩的当下，大理依然蓝天白云山青水秀，用“浥尘”作为客舍的名字有特别的意义，润湿身上的灰尘，在客舍享一段岁月静好的时光。岁月静好是关于时间的故事，而光是时间的使者。参观过斯里兰卡国宝级设计师巴瓦的自宅，真切地感受到巴瓦对光的处理和控制，在设计中，光的控制同样被放到一个特别重要的位置上。空间的设置更加入了光的考量，昼夜

晨昏，阴晴雨雪，每一刻都有不同的光的变化，空间的转折迂回，起承转合，每一处都会有不期而遇的光影。光影的流转，时间的流逝，就在这多变的空间中默默地发生，传达恬淡宁静的意境。

每一间客房的空间形态都不一样，朝向也不一样，客房的设计根据布局、光线等要素来选择形式、色彩和质地，在保证相对统一的前提之下，让每一间客房都各有特色。在设计中，我喜欢待在工地上，感知空间形态以及每一道光线，然后利用直觉做设计。在负一层的01号房，朝北偏西，采光比较柔和，下午有斜阳照进来，我感觉到一种隐约的“侘寂”之美，于是就往“侘寂”这个方向去发展，做得比较自然、平和、质朴。而在二、三层的大房，因为朝南阳光充足，就大胆地运用了黑红配，创造了饱满而热烈的空间感受。

“浥尘客舍”与其说是一间客栈，我更愿意称之为我的另一个家，我的第二居所。因为在实施过程中，基本没有考虑投入与产出，计算多少时间收回成本，而是以自己家的标准来建造，正可谓“己所不欲勿施于人”，绝不含糊。所以在设备、床及床品上都有大量的投入，以期达到舒适的标准。在艺术品陈设上，大都是自己的珍爱收藏，这里有美国著名摄影师阿诺·拉斐尔·闵奇恩的摄影作品，有广州新生代艺术家林于思的东方意境的绘画作品，也有从日本京都千辛万苦带回来的日本女画家的油画作品……这些艺术家的作品丰富了空间的质地和内涵。

在大理这样一个比较休闲的城市，设计必须做出相对放松的感觉。很多的客栈为客栈店主玩票所作，有许多灵光一闪的东西，但总的说来，太散漫，没有骨架，因此显得品相不高；而有些设计师所做的客栈设计，又因为太过控制显得生硬而灵气不足，让人放松不下来。作为设计师要如何拿捏这个度显得非常重要。“浥尘客舍”这个案子对我来说算是一种尝试。自己花钱自己试。帮别人设计花钱不心痛，这回花自己的钱好像也没心痛过，都是为美而创造。

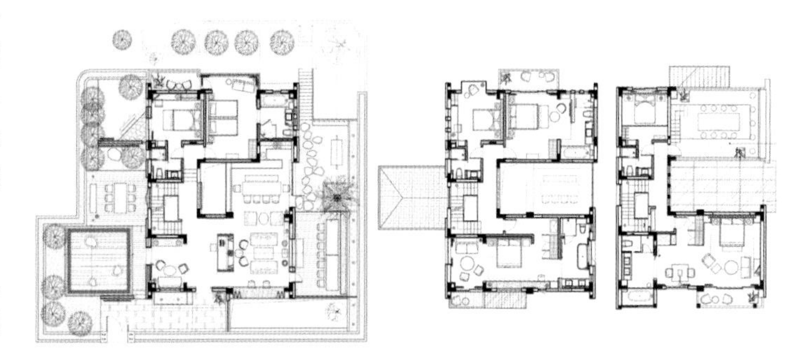

左：充满阳光的庭院
右1：空间的设置加入了光的考量
右2：俯瞰

左1：空间充满自然的情趣

左2、左3、左4：楼梯

右1：黑白红的搭配

右2：客房

River Ring Hotel

如景雅韵酒店

设计单位：哈尔滨唯美源装饰设计有限公司
设　　计：辛明雨
面　　积：5080 m^2
坐落地点：哈尔滨
摄　　影：黄耀成

我们从城市规划，历史文化，地标建筑三个方面切入，试图探索老航运站改造项目的未来。项目位于哈尔滨市道外区江畔路与北七道街的交汇处临江而建，是过去的松花江航运站的主建筑，距离江边仅 6 米，建筑是 1991 年 10 月 14 日竣工落成的，当时这座建筑是哈尔滨市的重点工程。原建筑面积 6800 平方米，是 420 延长米的半直立式码头，可并列停泊大小船舶十余艘，是黑龙江水系最大的客运码头，后因松花江水位逐年下降而停航。

航运站这座建筑坐落在这里已有 30 多年的历史，作为交通空间，经过 30 多年的沧桑变革，为许多游客和行人提供便利出行，几乎每个哈尔滨人都对它熟知，尤其是主楼上的时钟，为来去匆匆乘客提示时间的同时也记录着时间的脚步，其重要的地标性有目共睹。如今这座建筑改造为酒店空间，是为游客提供休息和休闲服务的商业机构。

经过对周边的城市规划和建筑坐落地的了解，及建筑本身的历史意义和地标性，我们认为这座建筑应以传播航运文化和传承航运文化历史为使命。虽然酒店是商业性质场所，但它坐落在有着这样历史文化价值的位置上，其历史意义和商业价值巨大。因此，我们诚恳的说服甲方，以航运文化为主题进行室内外设计。

在整个空间规划时，首先要在大堂中设立航运书吧，收集关于航运、水运以及船只建造等方面的书籍，使来到酒店休息的人们不仅可以有一个放松、舒适的环境，还可以通过阅读图书了解航运文化方面的知识。在地下空间及临江岸边规划了航运博物馆，收集了一些船上的机器部件和相关文字信息，通过实物、书籍、图片

三个维度展现航运文化。

考虑到其本身的历史价值外的商业因素，所以在风格设计上从航运码头和船上汲取设计元素，进行提炼整合，在整体风格上有码头和船的影子，或者说要作出神似而不是形似的整体感来，还要附加一定的情感因素，要让客人能在这里找到心灵的归属感，让空间有故事，让每个进入酒店的客人从整体风格上感受到航运文化的氛围，而不是通过直观元素来设计空间。所以在整体空间设计时我们不仅仅通过城市规划、历史文化、地标建筑三个方面来理性考虑这座建筑，更是给这个空间赋予了情感性。

航运站是松花江上最大的客运码头，如景雅韵酒店是这个城市中唯一的亲江酒店，能够规划这座建筑是我与她的不解情缘。一座城市，一点历史，一艘客船，一段记忆，一家酒店，一些感受。我不知道我对她诠释了多少，但我尽力为她寻找属于她的归宿。我不想让她属于我，属于你，属于他，我给她定义为百年航运文化设计精品酒店，只是希望属于大家，属于她应有的沧桑历史，属于她还能发挥的经济价值，为这座城市再做些贡献，为人们还能想起那段江运历史……更是岁月留给这片水域的永恒。一杯茶，一本书，临窗而坐，江水潺潺；一艘船，一段梦，跨越百年。

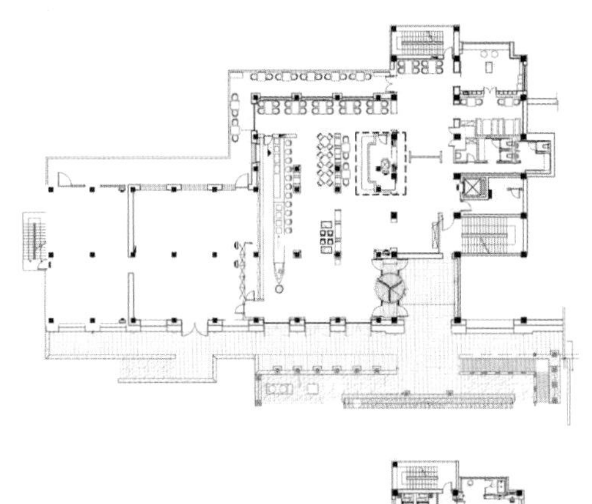

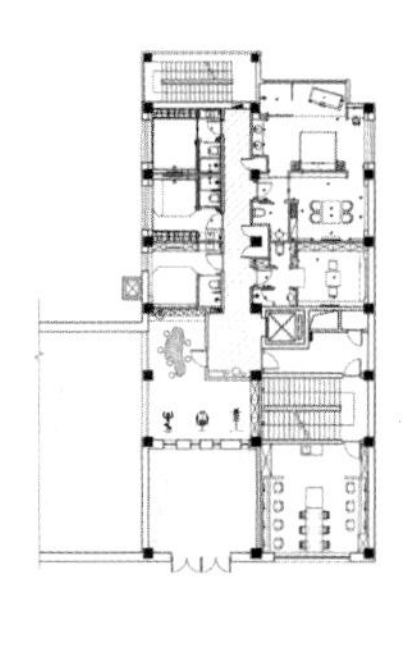

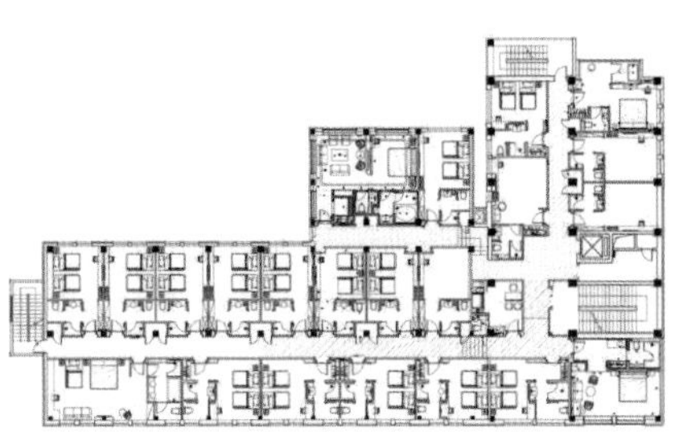

左1：楼梯
左2：大堂
右：人形雕塑

左1：从航运中提取设计元素
左2：餐厅
右1：过道
右2、右3：客房

Manxin Tangyin Hotel

漫心 · 棠隐酒店

设计单位：苏州黑十联盟品牌策划管理有限公司
设　　计：徐晓华
面　　积：1400 m^2
坐落地点：苏州
摄　　影：潘宇峰

设计漫心 · 棠隐酒店的灵感，源于平江河对岸摇曳生姿的夹竹桃。设计师为酒店客人构思出一幅诗情画意的场景：落座窗边，悠然度日，与穿过夹竹桃枝叶的船家打招呼。他将这份有关江南水乡、小桥流水的美好愿望，安放在烟火升腾的平江路上。平江路是最具江南特色的水弄堂，水陆并行，河街相邻，这里有曲水人家的扫洒忙碌，有吴侬软语的家长里短，有特色小吃，也有民间工艺。这里的每一座小桥，都有一个诗情画意的名字，这里的人间烟火，成就了漫心 · 棠隐的大隐于市。

整个酒店有一个基本时间轴的设定。从沿平江路的明清建筑外部逐渐过渡到内部民国建筑风格，两侧的建筑又是新中国成立以后建成的“吴县丝织厂”，时间跨度让建筑成为有故事的载体。材料方面，选取有温度感的老材料，进行了全新的组合，在古老的苏州城与现代舒适的生活体验之间建立关联，打造一个收录了苏州风物人情的重逢之境。漫心 · 棠隐酒店做了一个颠覆性的尝试，把传统酒店的大堂吧升级为一个有趣的空间——花吉社，所有美好的事物都可以在这里跨界相聚，有趣而会玩的人们在这里结缘相遇。

设计师赋予这个空间以无数的可能性，这里不只是咖啡吧，也不只是酒吧，今后它会有设计师匠心独运的文创产品，还会有丰富精巧的特色活动，各种美妙的元素在咖啡因和酒精的作用下加乘发酵，带来不期而遇的惊喜。

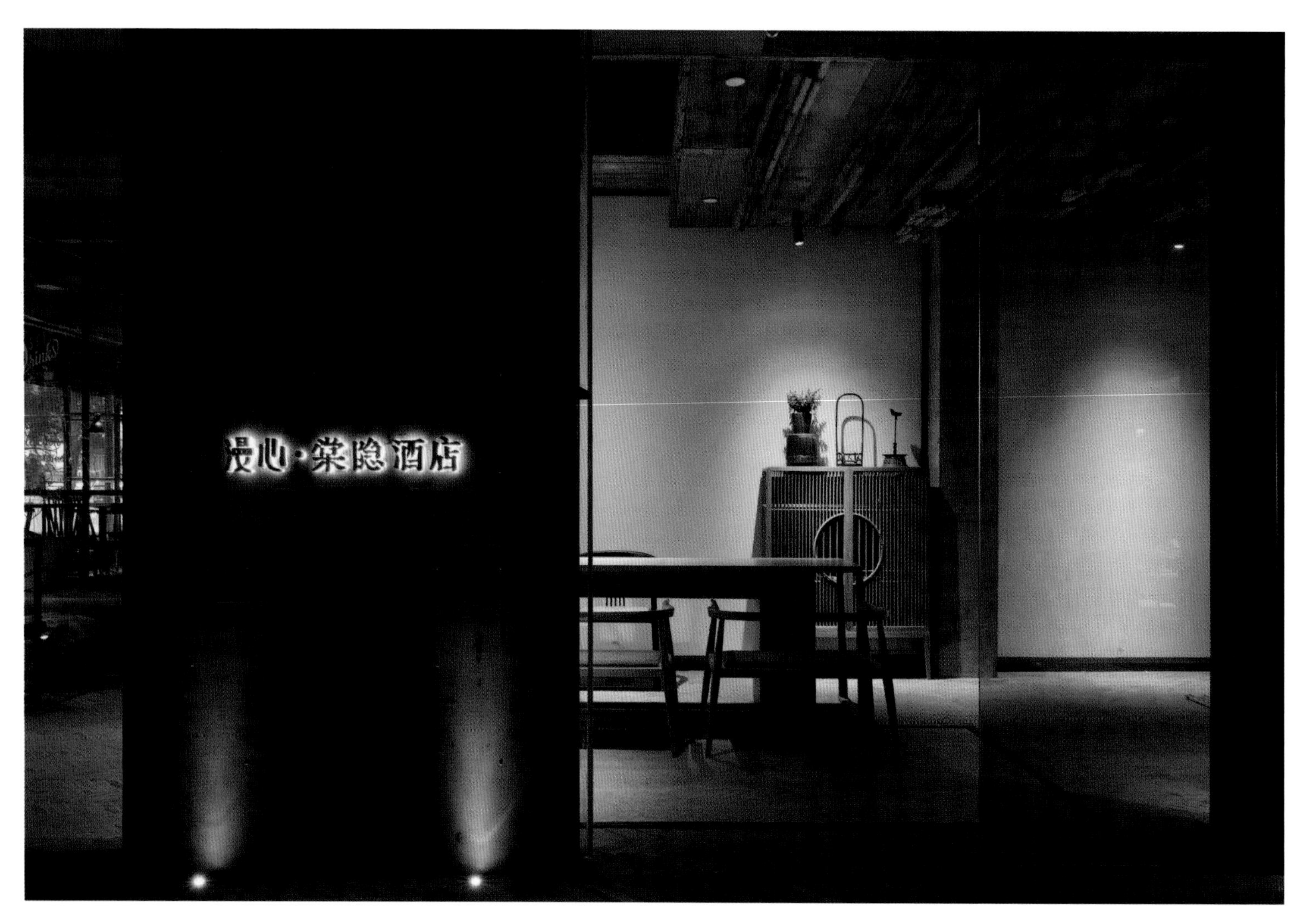

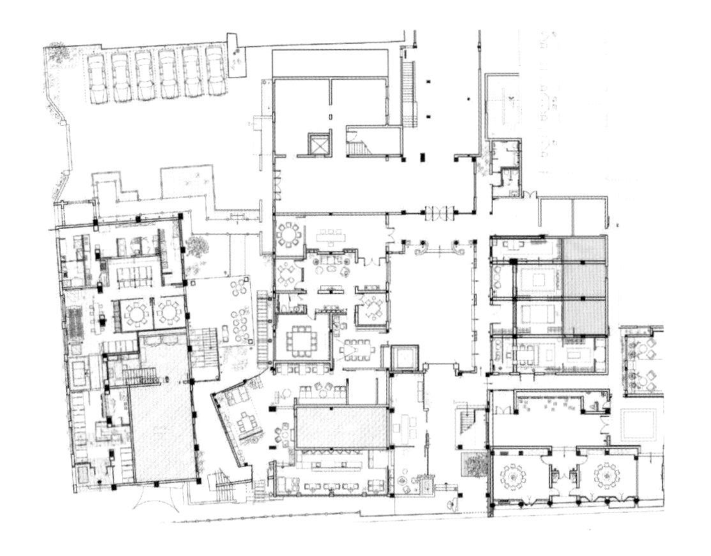

左：入口
右1：会议室
右2：吧台

左1：客房名牌
左2：走道
左3：客房一景
右1、右2、右3：客房

Poise Resort

泊舍酒店

设计单位：idG•意内雅设计
设　　计：朱晓鸣、陈善武
面　　积：1400 m^2
主要材料：木纹水泥板、砚石、黑钛、橡木、硅藻泥、木纹铝合金
坐落地点：安徽省黄山市屯溪
摄　　影：ingallery丛林

泊舍酒店位于黄山市屯溪滨江东路新安江延伸段的古村落内，属于百村千幢古民居保护工程项目。建筑主体为前后两幢独立徽式四合院，前厅后院抵邻而居，白墙黑瓦搭配徽派建筑特有的飞檐画栋，安然享受着新安江畔如诗如画之景。前厅为大阜官厅旧址，历经了繁华热闹的岁月，沉默在时间的河流里。

在空间设计上，为了保留建筑现状和历史事件的痕迹，老建筑古老的雕梁、木柱、砖石得以保留，通过片段化、符号化的设计语言，赋予这座老官厅新的生命，演绎徽州文化从容、精致、闲适的另一面。后院的独立两层四合小院，承担客房功能，在保有隐私性的前提下，又配以休憩的庭院，开阔的视野，静雅的阁楼，可临窗观景，可禅坐品茗。后院共计客房 15 间，每间客房根据徽剧角色命名，将拥有“京剧之父”之称的徽剧元素融入客房设计中，15 间客房因角色、性格的不同，衍生出 15 种设计风格，也是 15 种人生。

官厅正门在不破坏老建筑框架的基础上，采用了外置型金属门头，古老的雕梁与木柱、砖与石得以保留，栅格化的设计元素与古老官厅门鼓相映成趣，光影变换的现代玻璃与古门钉和谐共生，时尚与故旧，现代与传统，在这里完美融合。带有现代东方韵味的家具，犹如穿越时空的对话。江南韵味的油纸伞灯、老旧的木柜、若隐若现的纱帘、灰砖石头地面，每一处都演绎着文化的传承，都在唤醒古老的记忆，都表示着对古老生活方式的尊重。偶尔出现的纸伞流苏、灯、藏书等中国红跳色，让前厅保持沉稳氛围的同时又不至压抑。

中庭天井承担着主要采光，阳光自天井泻下，透过空中的水纹，洒下斑驳的光影，

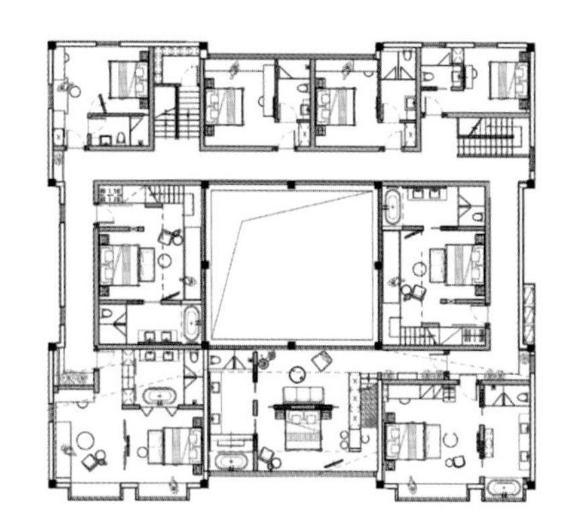

左：飞檐画栋
右1：庭院
右2：前台

开放式用餐区位于天井下方，一天四时光影不同，从清晨正午到黄昏日暮，每一餐充满人间烟火味的吃食都融入于虚实相接的光影变换中。

包厢为半开放式设计，可推拉式门板让私密空间与开放性空间灵巧变换，有风趣幽默精明干练的三花，稳重肃静的大花，英武又柔美的刀马。每间房在建筑材料的使用上也具有连贯性，砖、木、石统一而又略有变化，在表达个性的同时，又将徽文化、徽建筑的韵味融入其中。“青砖小瓦马头墙，回廊挂落花格窗”，所有梦中出现的美好都能在这里得到圆满。

泊舍借由传统全新绽放，整个空间境由心造，景乃天成，而泊舍的使用者和来访者在里面扮演着重要的角色，形形色色，性格鲜明，却又对徽剧彼此的敬重和喜欢。

我们希望来访者，他在别人眼里扮演的角色也是生龙活虎，活灵活现的，再塑下一个张飞、虞姬、关羽的相遇。

人行明镜中，鸟度屏风里。

左1：江南韵味的油纸伞灯

左2：过道

左3：包间

右1、右2：客厅

Tingoo Resting

未见山(紫金山人文行旅)

设计单位：南京筑内空间设计顾问有限公司
设　　计：陈卫新
面　　积：4433 m^2
主要材料：乳胶漆、硅藻泥、彩色木板、水曲柳
坐落地点：南京

未见山（紫金山人文行旅）位于南京市钟山风景区内，所倡导的是一种回归自然的生活方式，致力于打造与自然融合的人文空间。闹中取静、依山而立，内部曲径通幽，移步换景。它摒弃传统酒店的标准化设计，按照客房的方位坐落，分别对应以南京城各处山名，以幕府山、北崮山、无想山、聚宝山、清凉山、翠屏山命名的每间客房都拥有自己的个性，展示着自身的人文艺术之美。

紫金山的未见山，过去是一个办公空间，通过改造，通过院子的切分，将它做成了一个适合现代人需要的民宿。在这个项目上，让每个房间都有院子，是设计构思的一个起点。院子是人居生活的终极理想。因为有院子就可以听到鸟叫虫鸣，看得到植物的生长变化，能感受到自己作为一个生物在城市的存在。

未见山有一个院落的构造，更多的是想跟自然的环境产生关联。通过客栈里矮矮的围墙，似乎划定了一定的界限，但是我们的目光可以看到很远的植物，似断非断。就像国画永远有晕染的效果，边界模糊才是中国式的审美。体现在未见山这个项目上，特别是在名字上，也有一个切题。因为你在山里面所以未见山的全貌，那么为什么见不到山呢，因为它是无边界的，只有把边界打破才能融入，但是没有边界，你又发现缺少此岸彼岸的对照，所以要给它这么一个似有非有的界限。

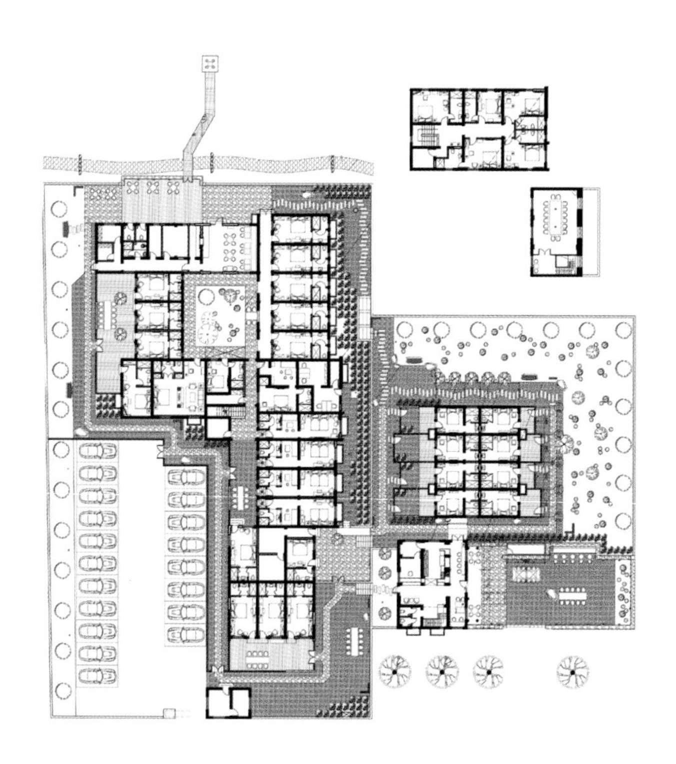

左：入口
右1、右2、右3：庭院

看似并未完工的土地之下
生命正在千军万马的涌动
翠屏
01

座未見的山

左1～左3、右1：庭院
右2～右4：客房

Free Frame

自由框架

设计单位：近境制作
设　　计：唐忠汉、曾勇杰
面　　积：169 m²
主要材料：木皮、编织地毯、铁件
坐落地点：马尼拉
摄　　影：岑修贤摄影工作室

在空间的线索与动线布局的配置概念上，重点为强化空间整体的高度及流动性，利用不连续的片墙有层次的安排出使用区域及动线的体验，再以堆砌墙体的方式转化整体轴线的变化，将原有平面层次的配置转化为三度空间的感受。

将元素进行重组，强化室内建筑的概念，利用高度的变化及区域的围塑感，在原有室内空间内重组建筑墙体的元素，利用层迭的量体转化了天花的想象。充分地利用原有空间高度，平面关系的远近变化延伸于立体空间的框架之上，在展示空间中形塑变化多端的框景，主角是灯具也是空间体验的过程。

为营造展示氛围，整体色调及光线的安排上，使用深色的木质与大理石，希望呈现沉稳及内敛的感受。让陈列的灯具成为空间的焦点，透过立体形式的高度变化，空间错落有致地结合多元性的灯具种类，有效地达到展示的效果及空间体验。

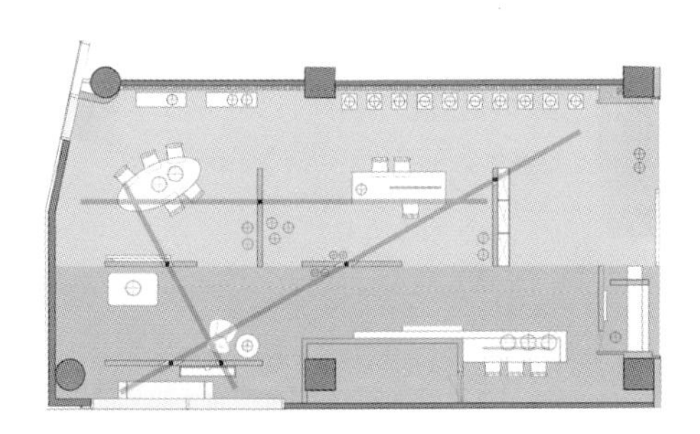

左、右：不连续的片墙有层次的安排出动线

左1、左2：会议洽谈室

右1：沉稳内敛的展示氛围

右2：重组建筑墙体的元素

Fuji Classics & Accepted or Rejected Domestic Furniture Exhibition Hall

富士经典&取舍生活家具展厅

设计单位：深圳市东方营造设计公司
设　　计：李海虹
面　　积：1000 m^2
主要材料：美岩板、锈板、玻璃、金刚砂地面
坐落地点：深圳

2016 年上半年，接到好友富士经典家具董事长饶先生委托，要对品牌升级，准备在位于深圳坪山的一处工厂旁边建自己的展厅，建筑是 20 世纪 90 年代末的一栋村建房，单层面积约 1000 平方米。展厅面朝马峦山，可是房子的窗户很小，内部采光不佳，客户给了几点要求：简约、省钱、独特、跟家具风格够搭。

看完场地后根据甲方要求决定第一步：拆。外立面面山的窗口要加大，除了柱子和结构面以外的剩余墙体全拆除，把景观和光线引进来。紧接着开始构思方案，取舍生活，定位为简约现代风的偏时尚家具，搭配国外原创品牌家具和自主研发的产品，通过展示的功能展现给客户，旨在引导都市人简约时尚的生活格调，同时也是从家具制造业转变到有自己品牌家具的一个蜕变的过程。

展厅位于二楼，有一个非常宽敞的楼梯间，灵感来源于富春山居的山峦起伏和中国人文画中曲径通幽的布局形态，平面也采用了曲径通幽的手法。通过楼梯辗转到二楼开门进去又进入一个狭长空间，峰回路转，豁然开朗处才可以看到展厅全貌。进到核心展区处，一面 30 多米长的墙面上若隐若现呈现出一幅山峦起伏的画面，走进一看方知道是在一个大大的玻璃盒里面灌上刨花，墙面的木屏风是由工厂边角料加工而成，刨花和锯末是工厂生产时的“垃圾”。天花的网状钢结构里隐藏了大量的轨道，灯光可以随时调节，走到窗边一幅幅远山美景映入眼帘，地面采用深咖色的金刚砂，配以白纱和各种家具的妖娆呈现，整个画面极简而又很丰满。

左：夜景
右1、右2、右3：空间局部

完工后基本达到了客户要求，预算更是低到超乎想象，所有墙面骨架外的板材裸面运用，涂料都没刷，但在工艺和灯光上提出了高的要求。设计秉着尊重场地和客户的想法，最终呈现一个别样的空间形态，点、线、面在空间中重新组合，把空间装修放到一种卑微的状态，突出主角是家具。近乎于装置艺术品的“富春山居”表达了一种优雅恬静的生活方式，见素抱朴，回归本源。

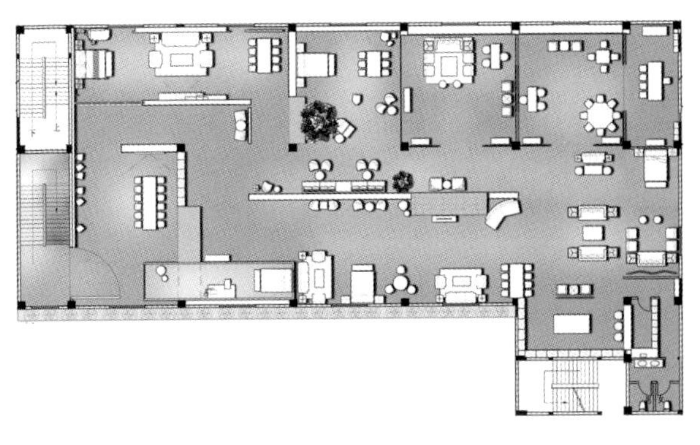

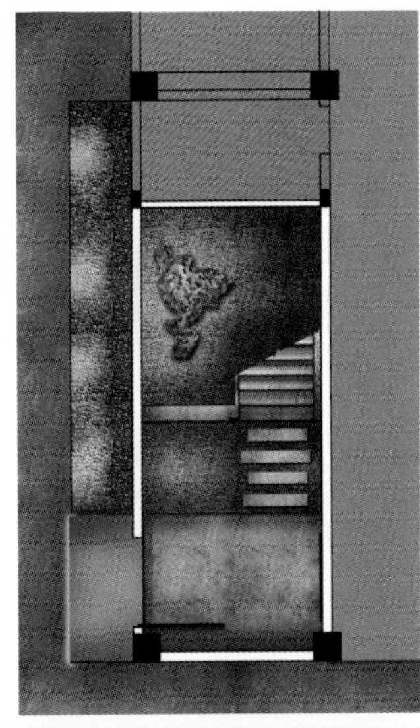

左1、左2、左3：天花的网状钢结构隐藏大量轨道

右1：楼梯

右2：细部

右3：景观和光线被引入

Magmode

magmode名堂

设计单位：睿集设计
设　　计：刘恺
面　　积：600 m^2
坐落地点：杭州
完工时间：2016年12月
摄　　影：陈兵

品牌有多种的表达方式，有单一调性的表达，也有多元化的呈现，这点和杂志相仿，杂志有统一的调性与价值观，通过不同的内容与读者建立联系，而品牌通过不同的产品与顾客建立联系，其中的逻辑性、更新性、连续性均有共同点。magmode 是一个多设计师的集合品牌，需要统一的概念来表达整个品牌的逻辑，在 magmode 的设计中，希望在终端中建立一个新的概念——立体的杂志，可以阅读的店铺。

设计将空间的不同功能区定义为杂志的不同板块，店招就是一个品牌的封面，而入口有一个当季设计的目录区，每一个展示区被定义成不同的页面，像杂志一样在空间中提供不同的内容，及时更新的概念无处不在，品牌背景墙被定义成杂志的当季简介，这一切的设计构成了一个统一的概念，一种统一的多元。空间是人在其中体验的容器，精准的表达品牌与空间的调性与理念是最重要的。空间应该与人发生多元化的交流，即时的内容会让空间的形态与体验提供更多的可能。

magmode名堂杭州概念店在近年国内实体店整体低迷的大环境中逆流而上，这是睿集与magmode的一次对于中国未来商业模式的探索，即文化生活方式在未来中国商业发展中的可能性。

左：入口
右1、右2：每个展区被定义成不同的页面
右3：收银与品茶共享的空间

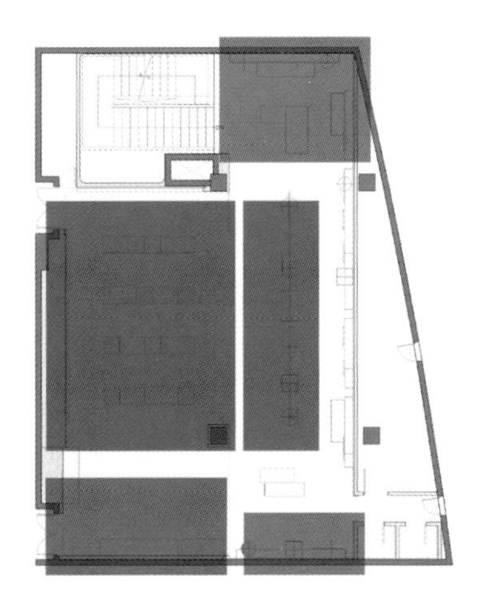

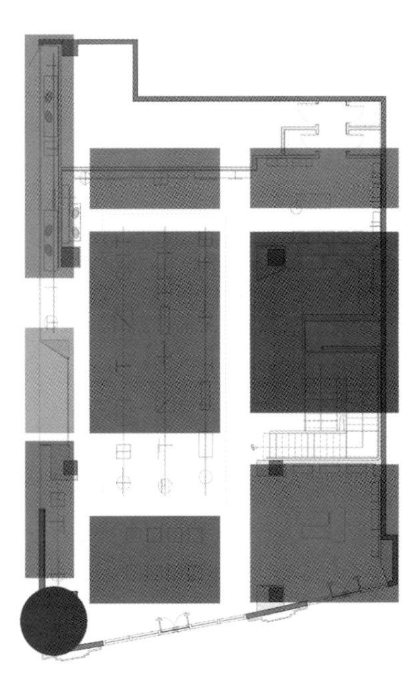

SEAN BY SEAN
01.
02.

M

GUTMANE
01

左1：楼梯通往二楼

左2：走道

右1：生活杂货区

右2：只卖一本书的空间

Shenzhen Centralcon. π mall

深圳中洲· π mall

设计单位：深圳市杰恩创意设计股份有限公司
设　　计：姜峰
面　　积：135800 m²
主要材料：石材、玫瑰金拉丝不锈钢、艺术钢化夹胶玻璃、烤漆玻璃
坐落地点：深圳
摄　　影：B+M Studio.小飞

中洲 · π mall 是集购物、美食、娱乐、休闲于一体的时尚体验空间，地处深圳大前海的成熟商业集群宝安新安商圈的核心位置，毗邻机场、港口及多条交通干道，项目建筑面积共计 6 万平方米，分为地下二层及地上四层，采用国际先进的商业设计理念及顶级装饰标准，倾心构建一个精致舒适的购物体验空间。商业定位为精英家庭品质购物中心，并以“时尚”“欢聚”“休闲”“生活”为四大经营主题，提供都会生活一站式解决方案，致力于服务中高端收入家庭，增进亲情和睦，释放生活乐趣，是前海居民购物休闲的新地标。

项目位于灵芝公园对面，设计师融合了灵芝公园的生态自然环境，将等高线理念引入到商场，使空间曲线灵动，引领购物者在空间中流动，天花层层叠退的效果使空间视角扩大化，更加凸显商铺的展示。设计师将自然元素树叶、蝴蝶、鸟等元素运用到商场中，将商业空间与生活空间进行无缝衔接，使室内与室外环境产生互动，带来愉悦的购物体验，打造一个生态自然的购物中心，有着浓郁轻松的大自然氛围。整体空间材料均采用天然石材呼应主题，运用自然纹理凸显主题。

左1：外景
左2、右1：中庭
右2：顶部树叶造型的灯具

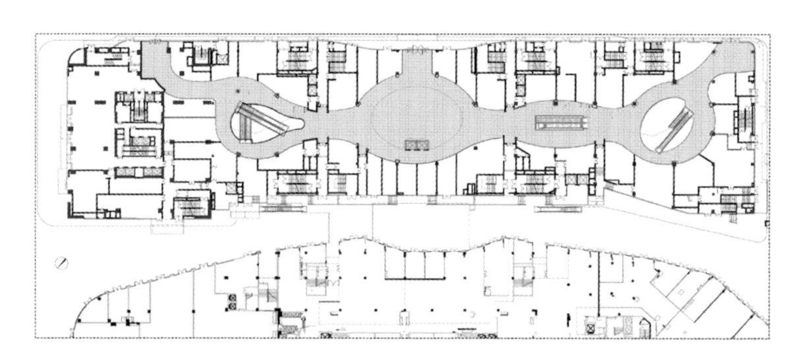

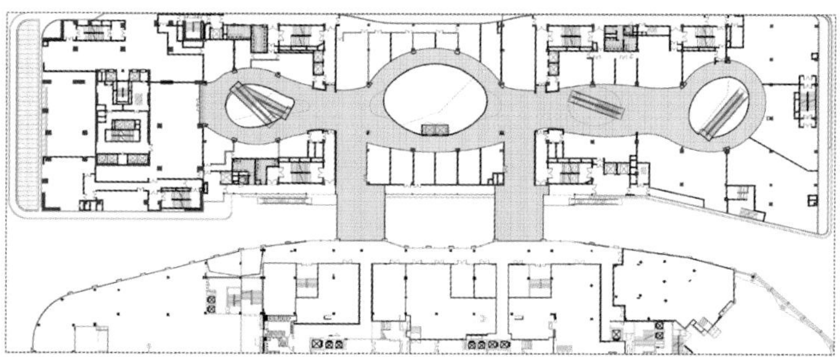

KIKC
周大福
周大福

watsons

POLO SPORT
HUAWEI

左1：自动扶梯
左2：空间曲线灵动
右1、右2：顶部
右3：天花层层叠退

In-Between ——Xin Zhong Yuan Nanchang Tuscany Future Store

之间——新中原南昌托斯卡纳未来店

设计单位：竹工凡木设计研究室
设　　计：邵唯晏
参与设计：邵子曦、杨咏馨、杨惠才
面　　积：450 m^2
主要材料：金属、玻璃、铝合金型材、异型3D钢构、钢刷木皮、特殊工艺漆
坐落地点：南昌
完工时间：2017年3月
摄　　影：IVAN

多元演绎——以质感生活共构的新型展售场域。

自工业时代之始，特定商品的展示销售，便以讲求效率、精准、实用的模式进行，面对科技极速进步及信息扁平化的当代，传统瓷砖店的单一类别、静态呈现，缺乏弹性的 1.0 销售模式，面临着严峻的挑战。我们在当代如何透过新思维重新思考实体零售店？如何借由交互式多媒体、文化生活的置入与商业结合的方式，以空间的设计操作，将引动实体零售商业行为进化至 2.0 模式化为可能？也正是我们对于本案的尝试。

自由平面——瓦解边界建构文化生活体验空间。

室内空间以自由平面为主要核心发展，矩形平面皆以清透落地窗包覆，位于短向的出入口，以角形内退空间做为室内与室外的中介场域，借此提升空间质量及接纳可能的事件。位处中央的长形吧台，是柜台、似书坊、如餐桌、为装置，同时与对侧的虚实共构的柱廊，为偌大的室内建构出清楚的轴线关系与空间次序。由吧台、咖啡桌椅营造的闲适场域内，我们企图透过充满文化生活感的氛围，让瓷砖的展示、贩卖，由单向度的直觉式静态呈现，退隐至以文化生活为主体的空间架构中，让整个的场域更具包容性及延展力。

轻重之间——以轻盈材质、浅色基调建构层次丰富的外观。

左1：夜景
左2：外立面细部
右1：入口
右2：过道

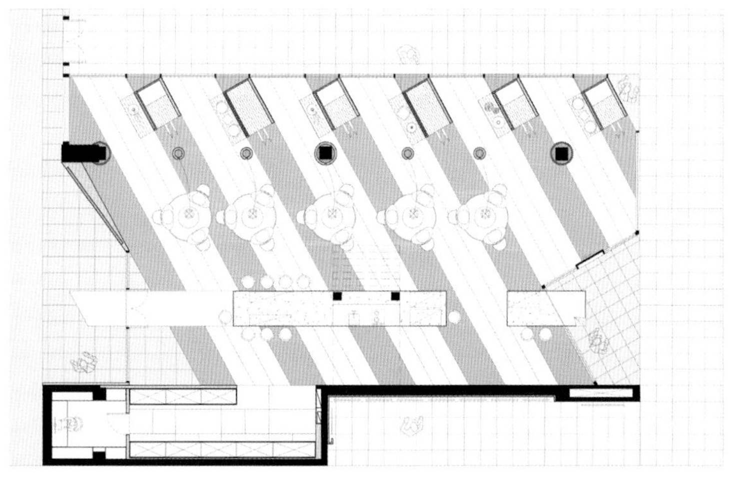

在高 15 米的正立面，设计以浅色薄砖为基底，建筑物自周遭深色调主体的厚重氛围中烘托出来，借轻盈材质堆砌的稳重实感，以数位运算的模具化拼贴与高光面及亚光面的错落搭配，结合两侧镜面收边，在建构丰富的层次之余，亦巧妙地将商标图腾蕴含其中，创造虚化与简化的立面叙事性。

复合之盒——结合多元呈现的瓷砖展示盒。

外侧的五个展示盒作为主要的商品展示区域，在展示盒的四个不同立面，分别以大型的 LED 面板墙、抽取式的实体材质展示柜、与艺术相结合的瓷砖艺术展示台，将瓷砖展售所需搭配的对象，以不同载具和商业结合的方式，多元纷呈地浓缩于展示盒中。同时，也借由对外的展览台面，营造出如同走入美术馆般的感受。这是一个感受生活的场域，商品展示被以多变的样貌隐身其中，以空间设计创造全新的销售体验。

左1：矩形平面以清透落地窗包覆
左2、右1、右2：位于中央的长形吧台

MoreLess Furniture Beijing Store

多少家具北京店

设计单位：上海善祥建筑设计有限公司
设　　计：王善祥
参与设计：李哲
面　　积：190 m^2
主要材料：乳胶漆、橡木、墙纸、实木复合地板、水泥砂浆
坐落地点：北京
摄　　影：胡文杰

多少家具是由著名家具设计师侯正光先生创办的品牌，主要设计生产和销售具有当代中国文人气质的原创家具及家居用品，以实木居多。店铺是一个长 21.2 米、宽 9 米的长方形，两端头为入口，像是一个火柴盒的壳。

这类商场内的空间通常都比较单调，因此布局首先不能一览无余的从一端望到另一端，为此设计采用了迂回曲折的参观动线，拉长参观线路和时间，使参观者放慢速度更好地欣赏产品。主入口朝向商场主门厅进来的通道，这是人流量最大的一个入口，次入口是朝向商场的挑空中庭，人流量相对少些。空间并不大，主要看动线。

作为店铺连锁的标志性形象，两间小白房被嵌入其中，形成了两个参观中的重要节点，也是迂回动线中的屏障。两个小白房像是两个凉亭，在古代亭子是供行人休憩的有顶但没有门窗的建筑物，所谓亭者，停也。但其形成尺度又像是现代住宅的厅、室，家具布置其中，给人带来自家生活场景的联想。动线需要屏障，家具产品也需要做为背景的墙，于是又加入了两面发光的纸墙以及几片竹帘屏风。其中一面发光墙将参观者的视线完全阻隔。小白房立面上各种形状的窗洞使视线稍有穿透，而竹帘屏风则可以大部分穿透，同时保留了一些朦胧感。这样，三种不同的阻隔层次的隔断划分出展厅空间的格局，使参观线路有了迂回纵深，增加了步移景异的中国园林空间情趣。丰富的空间最大程度满足了业主尽量多展示产品的要求。这些阻隔空间的线条都是横平竖直，稍显单调。于是将靠近主入口的一个小白房做了 15 度角的旋转，入口即是店铺主入口，这样迎向商场主门厅的入口便热情了许多，内部空间也顿时有了灵动的气息。

展厅在材质上仍然延续了多少家具连锁店的一贯标准，暖灰色草编墙纸及旧木效果地板，营造雅致的基础色调，烘托出以沉稳的胡桃木为主的家具产品，两个清亮的白色小房及内藏灯光的仿羊皮纸提亮和丰富了空间的色阶。吊顶基本采用了上一家店铺的石膏板天花，仅是开了些藏射灯的凹槽，减少了浪费也降低了造价。

左：入口
右1：小白房的尺度给人自家生活场景的联想
右2：迂回曲折的参观动线

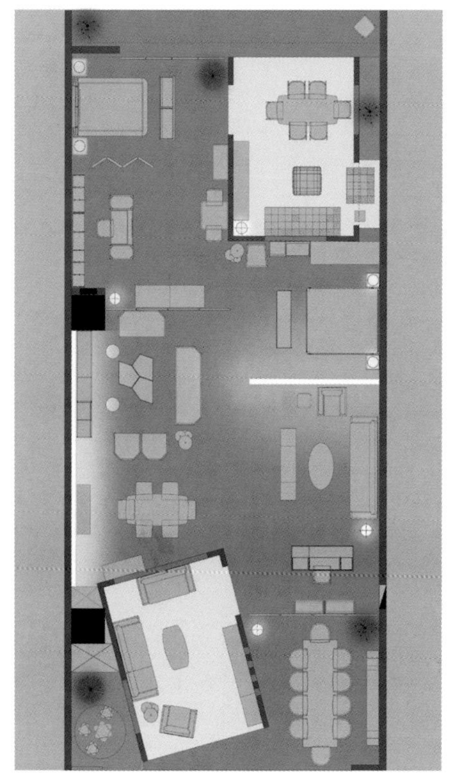

多少
MORELESS

左1：一面发光墙将视线阻隔

左2、左3、左4：小景

右1：分不清室内还是室外

右2：像凉亭的小白房

Narcissus Salon Lidu Store

水仙沙龙丽都店

设计单位：B.L.U.E.建筑设计事务所、VI设计容设计
设　　计：青山周平、藤井洋子、张村吉
面　　积：450 m^2
坐落地点：北京
完工时间：2016年7月
摄　　影：锐景摄影

现在都市中越来越多的人选择独居生活，家的概念逐渐从每个家庭剥离出来，向城市的公共空间中蔓延。这种背景下，城市的商业空间正逐渐成为城市居民的另一个家。此次设计突破传统店铺的空间模式，集美容、休闲、交流于一体，回归当下人的生活。在环境风格上，将店铺沙龙变成一个家，家的各个要素都被展现出来，同时这里也是城市的缩影，设计本在营造城市里的家的亲切氛围。

在空间布局上，为迎合店铺的整体理念，在空间的形式与布局上更多采用圆形的要素。在保证特定功能空间的同时，创造一个整体连续的开放空间，增加了人与人之间交流的机会，模糊的空间界定使得室内空间像是胡同街道的延伸。

在设计选材上使用了朴素的自然材质，忠实于材料天然真实的质感，最大程度减少人工的涂装加工。在简洁的空间中，利用材质细节的设计表达新颖的构思。

投入运营后，在沙龙空间中再现了一个家的样貌和多样的城市生活感受，给人以踏实温暖的感觉，回到原点，回归生活。

左1、右1：外景
右2：多处采用圆形的要素

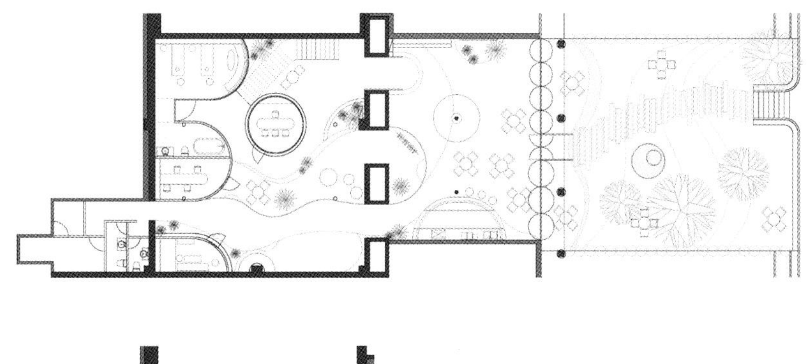

水仙
narcisse
YANFF
研肤

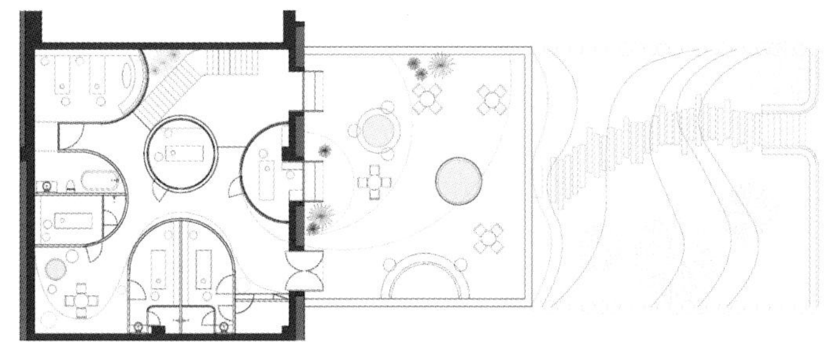

左1、左2：整体连续的开放空间
左3：楼梯
右1、右2、右3：顶部的圆形造型
右4：美容室

City - 2016 Guangzhou Design Week C&C Design Hall

城——2016年广州设计周共生形态馆

设计单位：广州共生形态设计集团
设　　计：彭征
参与设计：谢泽坤
面　　积：132 m²
主要材料：水泥板
坐落地点：广州
完工时间：2016年12月

所谓“设计之外”，不过是设计者尽力从自身的角色中跳脱出来，以第三者的角度看待自己的作品。长期从事房地产项目的设计，自然会对“城市”这个概念引发职业本能的关注，并纳入思考的范围。因此继 2015 年的展览装置“霾”之后，在 2016 年广州设计周又再次以“城”作为主题。

我们意图通过对角线的造型建立一个既非垂直又非水平的空间关系，将进入此空间的人置于“封闭”与“开阔”的矛盾之间。这种在心理上会产生的不痛快感所反映的恰好是现代都市的矛盾与简单表象下的复杂关系。现代城市的迅猛扩张所带来的人与社会、与自然生态平衡之间的矛盾已是不争的事实。一方面对舒适便利的本能欲望催生了城市并促其迅猛发展，人类按照自身不断增长的需求作出利己的规划，其本质就是反自然和排他的，不知不觉中片刻不停地在抢夺自然。当产生副作用时，人类就处在既不愿也无力放弃已有的舒适状态，又不愿承担因此产生的副作用的矛盾之中，于是一边怀念仿佛曾经存在的好时光，一边寻找可以埋怨的对象。从自然发展的角度看，人类的每一种技术进步都是矫揉造作，因为它不符合自然发展本身的形态。城市产生的本质就具有与自然划一界线的愿望，本就是脆弱的人性与聪明的头脑相结合的产物，与自然共生当然是美好的理想，但我们到底愿意为之付出多大的代价?

装置通过手影在投影中展现一些动物的影子，在对投影的控制下展现“存在”和“失去”的状态。幼稚的表象下是一个残酷取舍的现实，如果人类在与自然共生的环境里仅仅是鸟语花香、呦呦鹿鸣，那当然是各安其所的皆大欢喜。但自然自有其此消彼长的力量，当它将虎豹熊罴、毒蛇爬虫也作为与人类和解的馈物一并送来

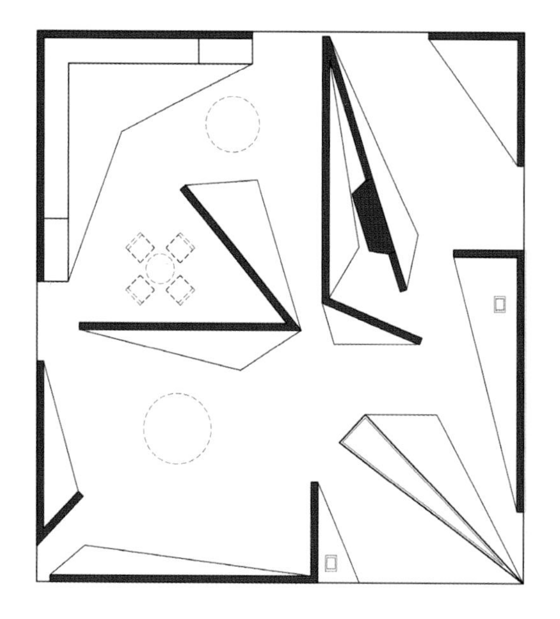

左1、左2：细部
左3：灰色空间
右1、右2：对角线造型建立起非水平又非垂直的空间关系

之际，绝大多数人类又要吓作鸟兽散而惶惶不可终日。

展会第三天，我们提供粉笔让观众在“城”中放纵涂鸦，有意识或无意识的，这种动作的表现可以理解为个体和群体的片面。作为设计者，则充当一个沉默观察者的角色，既不表达任何态度，也不卷入到情绪引发的判断当中。在客观层面，设计者不过是社会中一粒尘埃，他本身的力量在面对群体和自然时渺小的可以忽略不计，不具备扭转和明显改变的能力，但至少可以在和光同尘的环境下尽力建立一个可供反思的立场。

左1、左2、左3、左4、左5：提供粉笔让观众随意涂鸦

右1、右2、右3、右4：通过装置展现一些动物的投影

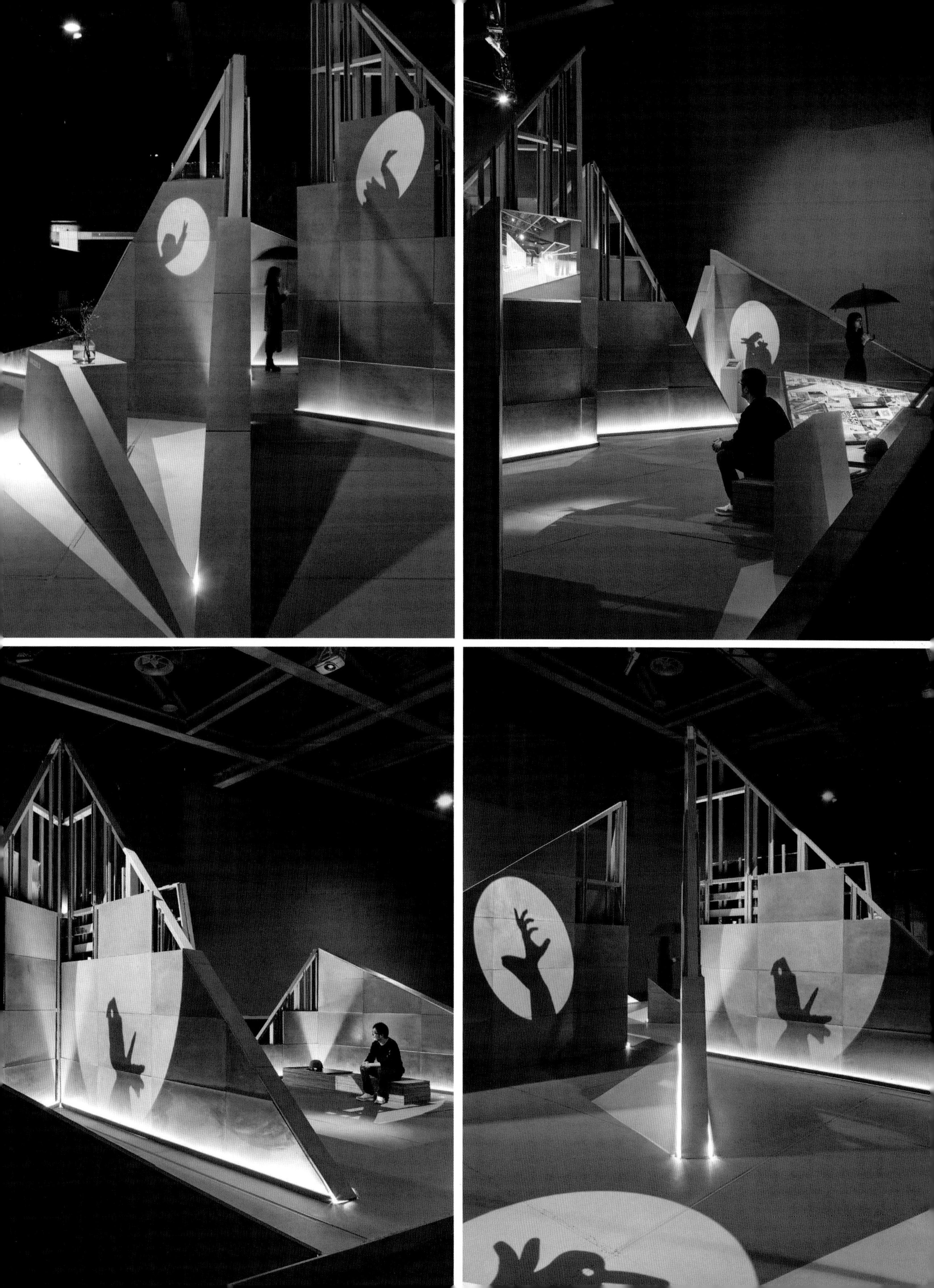

Wabi-Sabi Light ——LED Light Experience Center

侘寂拾光——LED灯光体验中心

设计单位：林卫平室内建筑设计有限公司
设　　计：林卫平
参与设计：汪昆
面　　积：500 m²
主要材料：大理石、白色乳胶漆、不锈钢、玻璃、白色烤漆板
坐落地点：广东
摄　　影：刘鹰

我曾试着去探索道是什么，曾经很兴奋地写下了许许多多有关道的文字。每次写下几句，又觉得还是不够，就算写满了两千页，我对这份陈述依然不满意。于是我不再谈论道是什么，只写："道存在。"

冥想空间——在这安静椭圆的空间中仰望，就像大地上的初民抬头看着天空，等待的是太阳升起的那刻到中午时分的万丈光芒，再到日落时夕阳西下红遍大地的感觉。纯白的穹顶与玄武色的地面鲜明呼应，一如初创的世界：神说，要有光，就有了光；神看光是好的，就把光和暗分开了；神称光为昼，称暗为夜。厅的中央，一面墙立于湖中，平静的水面不断地承接着水滴，悄然泛起的一圈圈涟漪勾勒出弧线，让空间更为灵动。泛开的波纹继续扩散，一直达到了大地的尽头，远处的地平线正泛着微光，日落抑或日出，轮回的终点亦是起点。

拾光之道——通过自然光和人造光，透过线光、点光、面光等基本几何形状的表现方式，给空无一物的隧道带来一种圣洁、神秘的氛围，让人忘记身在尘世，因为身边除了光，什么都没有。空，让人平静，才能慢下脚步，和自己的灵魂对话。隧道尽头,会有另一个世界吗？一抹橘色的柔光斜下,是世外桃源的召唤吗？"林尽水源，便得一山，山有小口，仿佛若有光。"继续回溯时光，中原大地上，初民的晨歌中："夜如何其？夜未央，庭燎之光。"

侘寂意匠——"侘"是在简洁安静中融入质朴的美，"寂"是时间的光泽。"削减到本质，但不要剥离它的韵，保持干净纯洁但不要剥夺生命力"，哲人如是说。在这种静谧之光里，时间似乎以一种过于异常的方式趋于静止，其凝滞使空间与

左1、左2、左4：一面墙立于湖中
左3：冥想空间
右1、右2、右3：灯光给隧道带来圣洁神秘的氛围

日常生活最受忽略的炽热部分再次相遇。在纯粹的空间拾级而上，充满了仪式感。行至最高处，一盆斜倚的小树像是谦卑地鞠躬，又似温婉伸出的手，轻柔地触摸初升的圆月。这样的侘寂使人沐浴在记忆之光里，使过往历史意识到自身的存在。光借由空间形式引发的力量带入静谧，趋近纯粹状态的持续以至显示出无限绵延的开放性。白净的场域里，承载着丰满的“空”，犹如艺术创作的留白。在这份侘寂中，诠释的正是东方的包容。

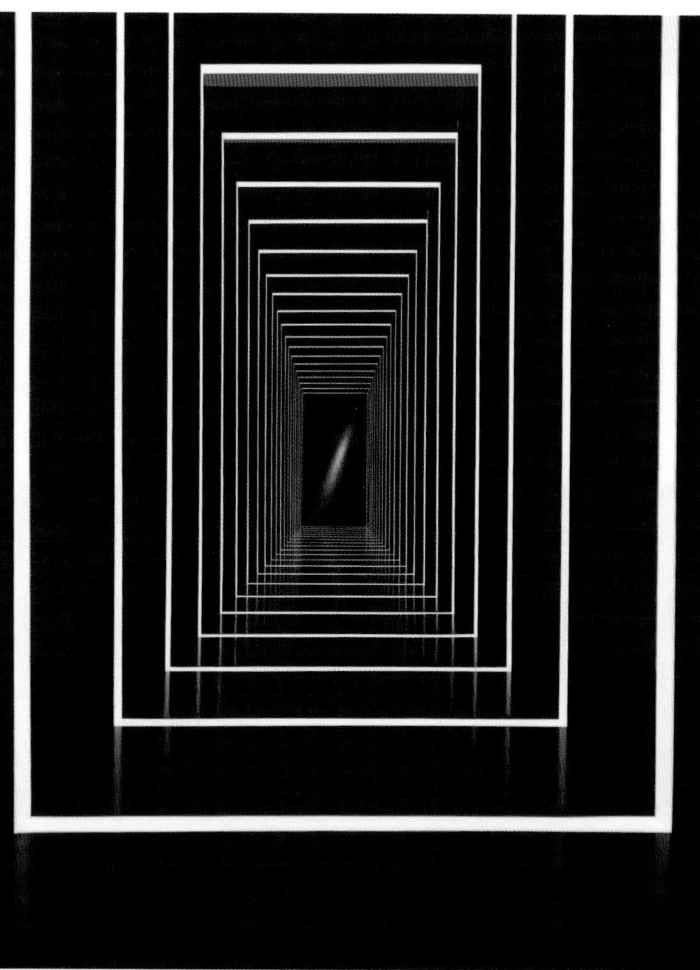

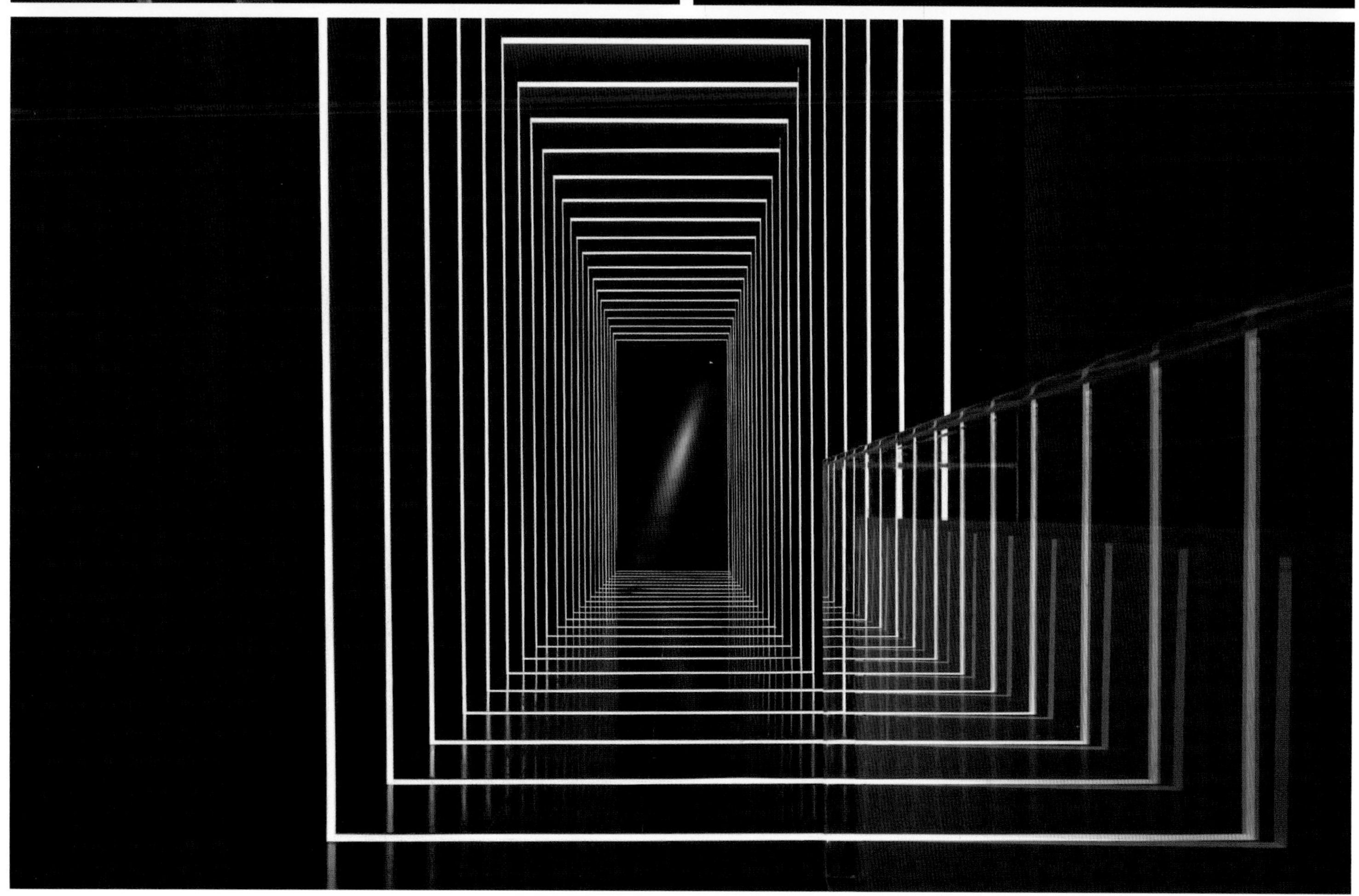

左1：拾级而上，充满了仪式感

左2：细部

右：隧道尽头会有另一个世界吗

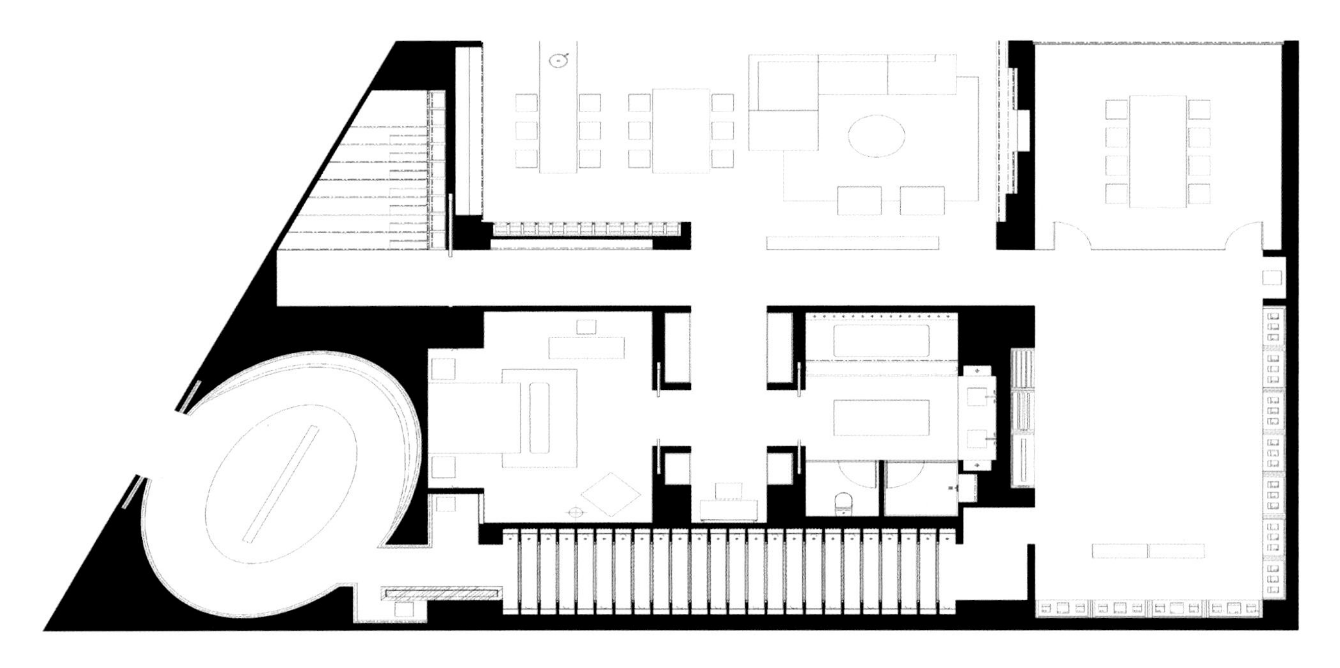

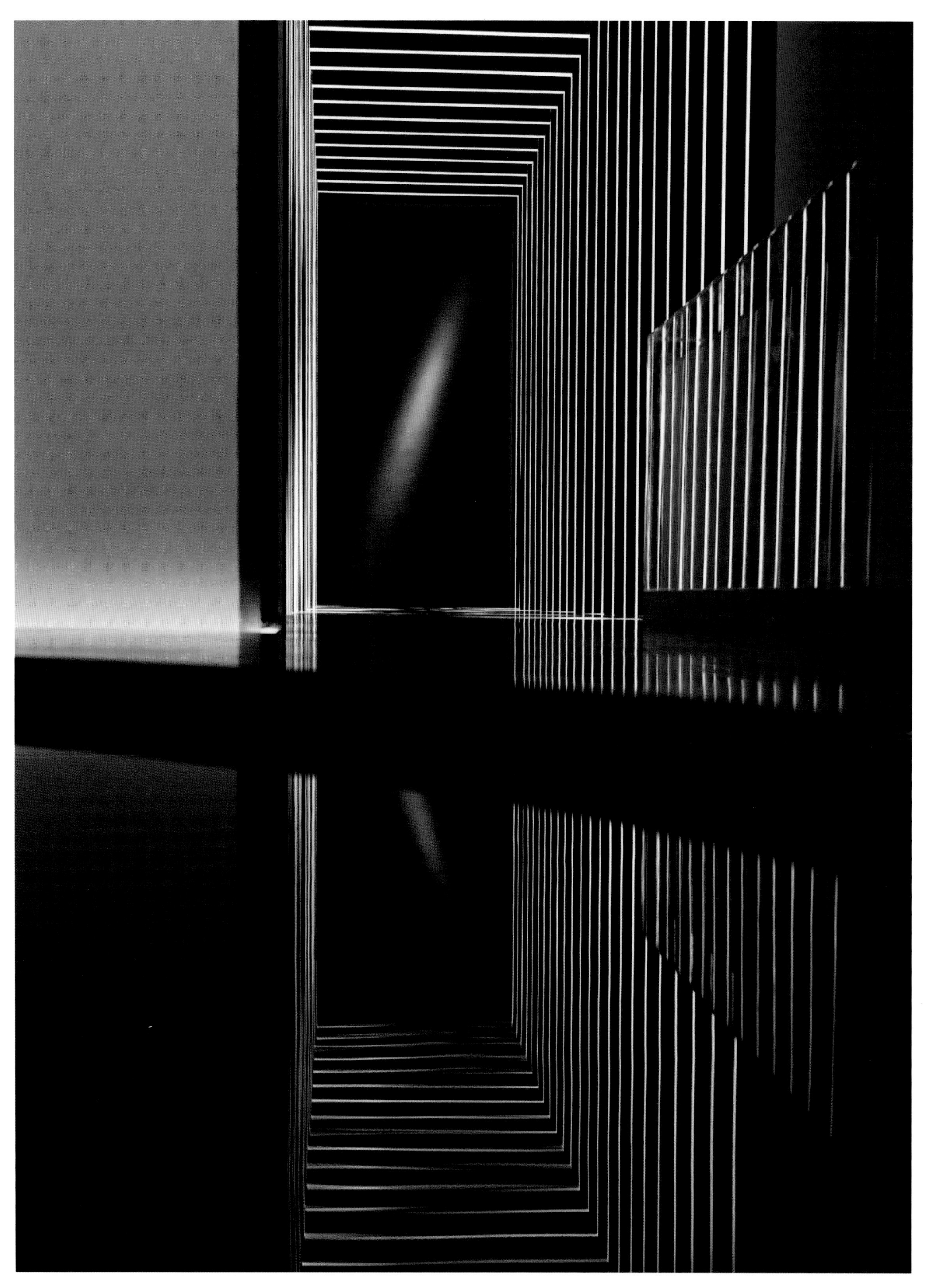

Aux Store

奥克斯店

设计单位：重庆梁仓文化创意设计有限公司
设　　计：胡洋恺
参与设计：许期竹、王玉凤
面　　积：108 m²
主要材料：乳胶漆、水泥砖、石膏板、老榆木、玻璃、原生石、麻布
坐落地点：成都
完工时间：2017年4月
摄　　影：BringDreams

在这个审美粗糙的国度里邂逅 BringDreams，就像一不小心穿越到电影《小森林·夏秋 / 冬春》，“在那些静得只能听见呼吸的日子里，你明白孤独既生活。”尊重生活中的仪式感，努力趋向于“美”和“精致”，对面料的挑剔，讲究舒适感，把对生活的态度表现在着装上。2015 年 1 月的成都，BringDreams 服装店成立了，承载着创业者的生活态度：学着以独特的视角来感知，所有美的真谛都来源于生活。尽管选择不尽相同，你想要的生活，想要成为的自己，一直在前方。服装以三种系列为主：旅行、生活和极简。

店里处处充满了生活的温暖情趣，服装、干花、多肉植物、蜡烛、藤编，融合在一起，就是一个女性生活美学的集合店。初见时或许并不惊艳，也不刻意强调，只是默默为顾客的需求考虑周全，过程舒服又放松，美而治愈。独立女性的表达，有思想、有冒险、有旅行、有植物，更有阳光。在空间设计的布局上利用最简单自然的材料：老榆木、红砖、玻璃、石头、书籍，就把小店装扮成了一个藏着一屋子惊喜的女性独立空间。

旅行的意义就是过一种更简单的生活，让心灵返璞归真。这种直接的处事态度，处处流露出顺其自然，随遇而安的生活哲学。木地板上的棱角山峰，地上鹅卵石的随意堆砌，山水石和谐共生，再配以白色为基调，驼色为辅，自然剥落的墙体，真实又自我。

左1、左2：细部
右1：店面
右2：旧物件的摆放增加了背景故事

BRING
DREAMS
LIFE IS DREAM

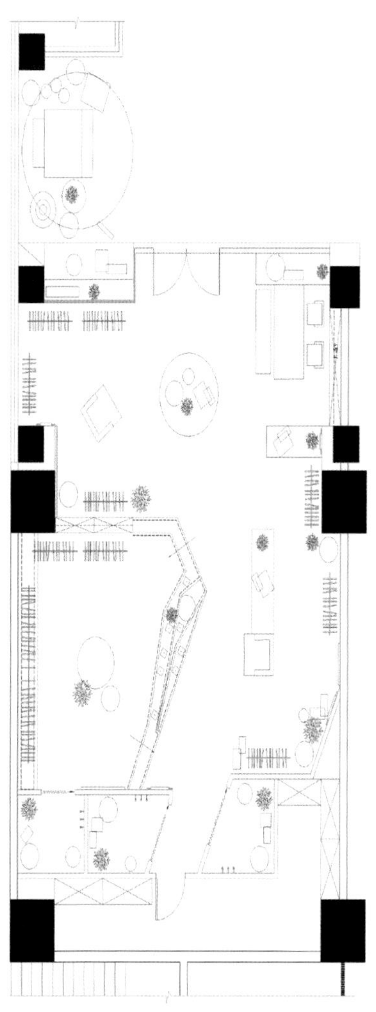

BRING
DREAMS
LIFE IS DREAM

左：木地板的棱角造型

右1、右2：试衣间

右3、右4：植物点缀其间

UR Art and Culture Center

UR艺文中心

设计单位：东仓建设
设　　计：余霖
面　　积：240 m²
坐落地点：成都

本案需要表达商业的“未知感”以及进行传统商业功能的释放，通过“解构”“碎片化”“节奏”等抽象的设计方案来打破一个具体商业空间给予人们的固定模式的感觉。“是什么？卖什么？怎么卖？”事实上，我希望人们在此获得更宝贵的“未知”。购买一场音乐会，艺术展，一次产品发布或者是日常某物。在所有的商业语境中，磅礴抽象的“未知”充满了各种可能性。

左1、左2：黑白空间
右1、右2：白色是空间的主色调

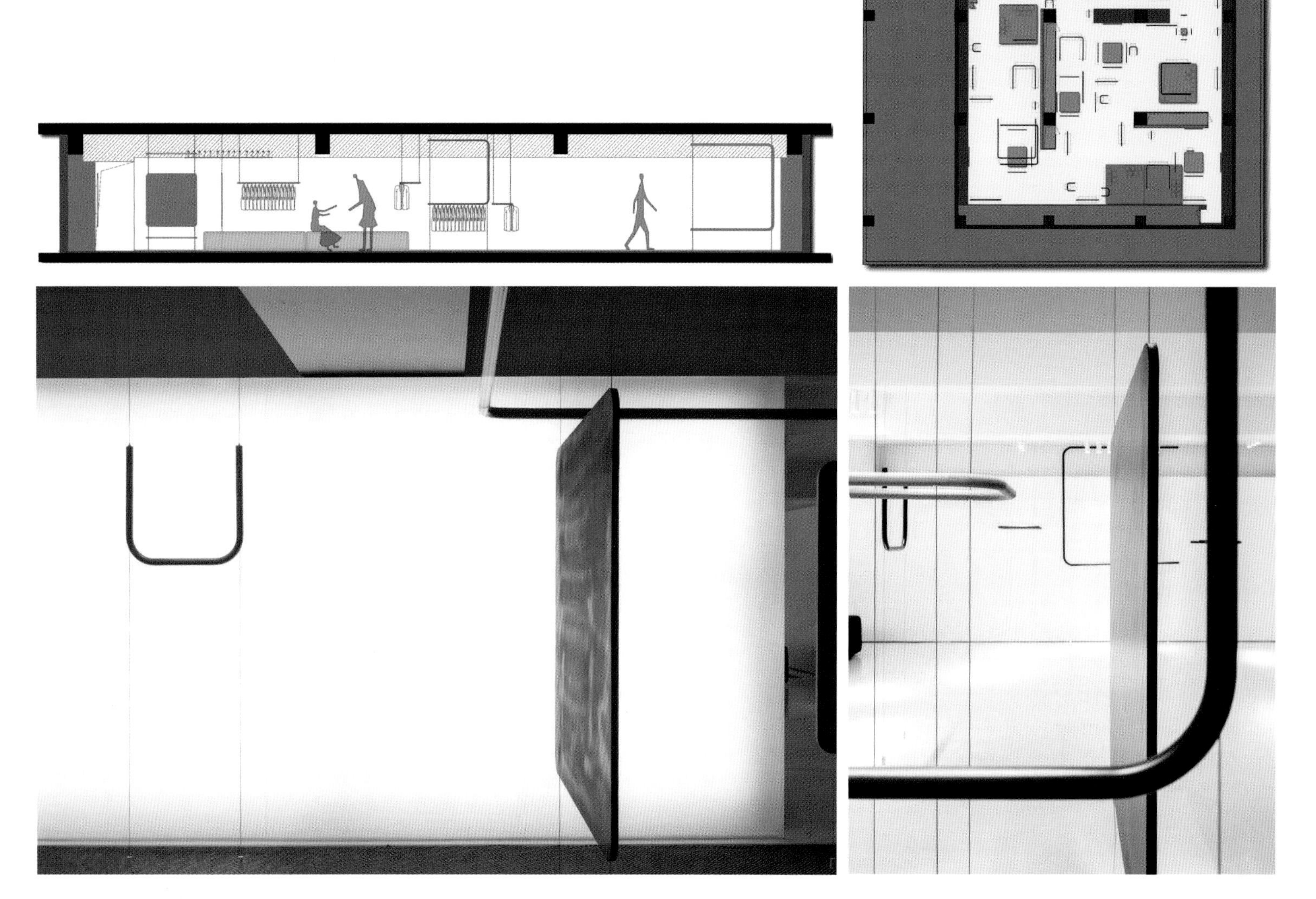

左1、左2：黑色体块起到隔断的作用
右1：简洁的衣架
右2、右3：隔而不断的空间

Lantern——Sulwhasoo Flagship Store

灯笼——雪花秀旗舰店

设计单位：如恩设计
设　　计：郭锡恩、胡如珊
面　　积：1949 m^2
主要材料：黄铜、实木地板
坐落地点：韩国首尔
摄　　影：Pedro Pegenaute

灯笼的字面及象征意义在整个亚洲历史中非常重要——灯笼引领着人们穿越黑暗，展现出一段旅程的起始与结束。如恩设计以灯笼为设计灵感，改造了首尔江南区一座五层高的大楼，为风靡亚洲的护肤品牌雪花秀打造全球首家旗舰店。该大楼始建于 2003 年，由韩国建筑师承孝相设计。为了发扬品牌的历史，如恩的设计概念强调了雪花秀品牌与亚洲文化传统的紧密联系，让顾客在空间中感受品牌理念所蕴含的东方智慧。

设计概念归纳为三点，贯穿项目始终——个性，旅程与记忆。如恩希望能够创造一个极具吸引力的空间来满足顾客的所有感官，将空间的体验打造成为一个层次丰富、值得无限回味的旅程。最终呈现出的效果完美表达出了灯笼的概念：贯穿室内外的黄铜立体网格结构将店铺的各个空间串联在一起，引导着顾客逐个探索店铺的每一个角落。

人们可以通过建筑内的一系列空间和开口充分体验结构的变化。以木元素为主的室内景观中置入由镜面包裹的结构，制造并增强了无限延伸的空间感。精细优雅的黄铜结构与实木地板的厚重相得益彰，木元素有时向上抬起，内部嵌入石块，形成木质展示柜，雪花秀的产品被精心地陈列在展示柜上。作为主要的引导方式，灯笼状的结构同时也悬挂了如恩为雪花秀定制设计的光源，勾勒出优美的展示空间，将目光聚焦在陈列的产品上。

不同楼层的空间为顾客带来不同的体验。位于地下室的SPA空间采用暗色的墙砖，土灰色石材以及暖色木地板营造出亲切的庇护感。向上移动，材料的用色变得更

加明朗开阔，绘写出友好舒适的空间。人们将在屋顶的露台结束这段空间的旅程，自由延展的黄铜网格天篷将周围的城市景观框定成空间的一部分，营造极致的视觉体验。整段旅程糅合了诸多的对立元素：围合与开放、明与暗、精细与厚重。从空间的营造到灯光的处理，再到陈列和标识设计，每一个细节都体现了灯笼的概念——让顾客在置身于此的每时每刻都能够感受到神秘和惊喜，激发探索的欲望，怀着热情和愉悦的心情感受每一寸空间和每一个产品。

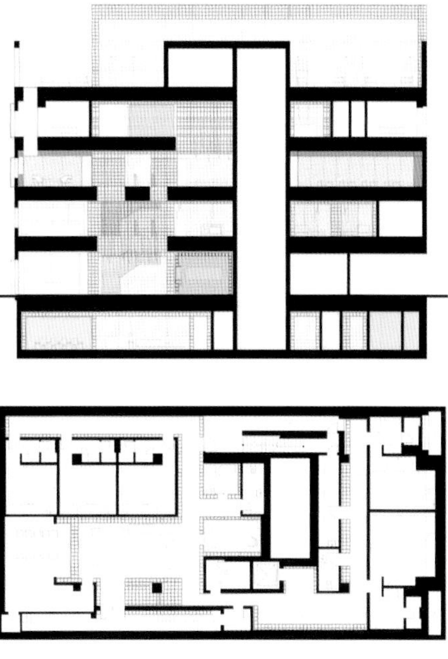

左：建筑外立面

右：贯穿室内外的黄铜立体网格结构

左1、左2：黄铜结构与厚重的实木地板相得益彰
右1、右3：产品精心陈列在展示柜上
右2：空间局部

左、右1、右2：自由延展的黄铜网格天棚

Here and Another Time

这里，有另一种时间

设计单位：四川创视达建筑装饰设计有限公司

设　　计：张灿、李文婷

面　　积：1000 m²

主要材料：水泥、钢网、仿旧漆、旧木板

坐落地点：成都

摄　　影：张麒麟

这个建在老厂房里的“时空容器”，迷离而忧伤，究竟是怎样的影楼，抑或是舞台，难以言说。这就是设计师面对当代生活做出的“容器”实验，设计师张灿与李文婷以“时空容器”为话题，展开一场关于生活可能性的探讨。

场所 · 空间 · 实验

李文婷：甲方是韩国颇有声望的摄影工作室，这次在成都 7322 军工厂搭建摄影基地，让我们对“空间是生活容器”有了思考的机会。项目虽然处于老厂房之内，但是过度的商业使用已使它面目全非，让老厂房回归开阔的空间感，青砖重现质朴，让甲方可以有空间与想象力去挖掘不同的场景故事。我们试图去探索时间与场景之间的关系，这是一个实验性的商业项目。

张灿：我们植入装置艺术、室内空间和情感空间，在三者关系处理上尽可能进行合理的调整，互相补充与融合。这是一个综合性场所，乍看之下是摄影基地，其实还可以是兼具多种可能性的商业空间和生活情景空间。“时空容器”给甲方留下了一个极具创造性的空间，它是一个不可界定的空间。

需求 · 困难

张灿：项目成立初始，我们更倾向于将其视为一个具有时间维度和当代时尚生活的设计，直指未来。但要将旧建筑改建为一个时尚场所，需要从更立体的角度去思考。虽然最后空间实际利用率只有 30% 到 40%，还要尽可能地焕发它的生命力。

李文婷：在一般人眼中，“时空容器”呈现出一个老建筑的状态。但是我们在平衡空间整体节奏的要求下，主要用了“无痕设计”的手法还原场所。虽然在甲方给予了太多未知的前提下有很大的困难，而且在施工过程中还有很多不如意之处。但我们有意识地从另一个维度识别一个空间，是对未来可能性的探索。

时尚 · 未来

张灿：“时空容器”是一种时尚型空间，是一种时空阅读，而核心是“时间”。之前它算是一个新厂房，只是又重新将其还原为老厂房而已，表皮体现为“旧”，“无痕设计”仅仅保留了时间的印迹，关键是在旧的表皮容器中填入什么，内容才是根本，内容与表皮进行有态度的结合，才是有立体感有厚度的时空关联。

李文婷：有一种时尚，是在旧的外壳下填充一种新的东西，这就是未来。未来是填充的距离，是不断变化的。我们做了一个固定的背景，无论是光影变化还是场景更迭，填充进去的不仅是时间，更是未来的一种可能性。

成功 · 遗憾

张灿：在“时空容器”的场景中，作为设计师，要如何合适地关联它们？时间一直都是关注的重点，从“过去”的背景中理解传统，从“现在”中汲取当下实用的功能，从“未来”中进行设计的延展。

李文婷：毫无疑问，是关于作品的衰减度。每一个项目，从构思、设计、施工，到最后的作品呈现，我们都想其臻至完美，然而现实与理想是有落差的，这也让我们处在一个研究性的状态。随着成长和改变，我们的作品也会同我们一起进化，这会是一件好事。

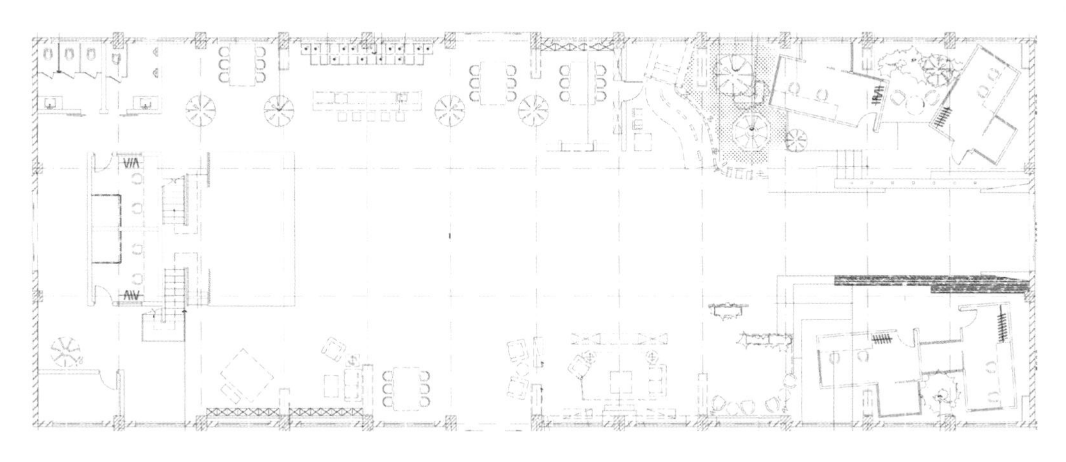

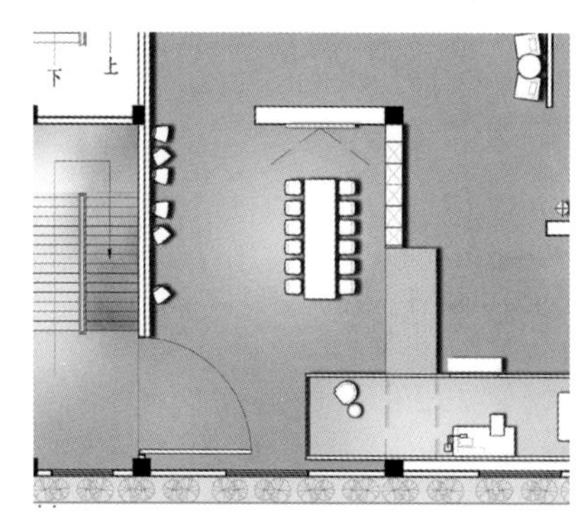

左1、左2、右1：吧台
右2、右3：冷酷的空间

左1、左2、左4：钢网围成的楼梯和过道

左3：顶部空间

右1、右2：斑驳的大门富有历史感

右3、右4：厂房内开阔的空间

Landing Center Global Buyer Store

潮库全球买手店

设计单位：杭州肯思装饰设计事务所
设　　计：邬逸冬、林森、谢国兴
面　　积：108 m²
主要材料：大理石、镜面软膜、不锈钢管、拉丝不锈钢
坐落地点：杭州
摄　　影：刘宇杰

海淘就如鸿雁传书，联想到鸟，于是便将主题定为飞翔的轨迹。曲线是四面而来的，无定向串联起悬挂其中的服饰。灯光是运动的，在服装上腾挪，形成动态的耀眼光斑。我们将雕塑艺术引入道具设计，让所谓潮流不停地流于表象层面。

售卖的是西方商品，意象运用的是东方表达，用东方的审视去诠释西方的先进，写意手法让空间升腾，触及深层的共鸣。流行也好，时尚也罢，并无定势如昙花一现。单纯从三维空间考虑，难免被禁锢，这一次，我们尝试用静态诠释动态，若深层解读，记录的是时间。

材料并非手段，可理解为达成的通道。商业摄影的介入让羽毛图形得以在透光软膜上漾开，配合暗藏的灯光，制造引力的反转效果。两种规格香槟金的铁管，一为起点一为终点，如白描的线条在空中随性，黑色镜面软膜天花产生的屈光效果，把空间里的物品镜化出了水墨画的感觉。西方材料的东方表达，是本案在材料运用上的主张。

左1、左2：羽毛图形在透光软膜上漾开
右1、右2：香槟金铁管如白描的线条

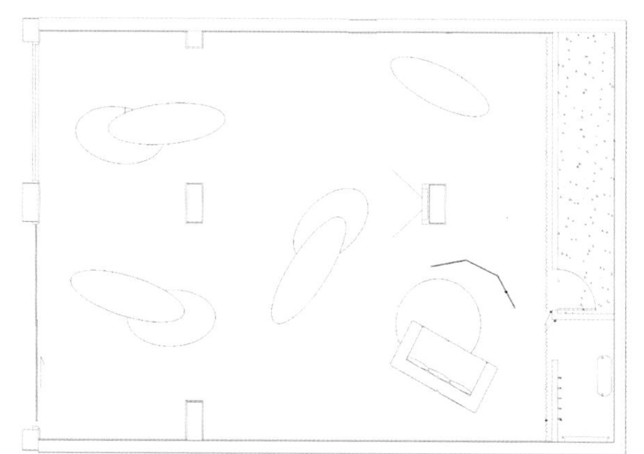

左1、左3：灯光在服装上腾挪

左2：细部

右1、右2：物品镜化出水墨画般的感觉

Nanjing House of Fraser

南京东方福来德

设计单位：南京万方装饰设计工程有限公司
设　　计：吴峻
参与设计：姚明网
面　　积：30000 m^2
主要材料：镜面不锈钢、烤漆铝板、灰镜、不燃板、大理石、实木地板
坐落地点：南京
摄　　影：范丹薇

House Of Fraser（HOF）是一家拥有百年历史的英伦购物中心，1849 年成立于格拉斯哥以来，商场遍及英伦三岛及爱乐兰。2016 年 HOF 入驻南京新街口商圈，正式登陆中国。

新的 HOF 中心位于南京新街口中心地段，设计面积约 30000 平方米，包括综合性零售、休闲与娱乐中心。本项目始终围绕着四个议题展开：一是 HOF 品牌文化的延续，即如何在地域性的商业环境中体现百年老店的英伦基因；二是现有建筑室内空间的调整与优化，以满足新的功能需求。面对旧建筑改造，如何协调与化解建筑的限制条件与需求上的矛盾与冲突，构成了对设计的重大挑战；三是新商业业态的导入对室内设计的挑战，即如何从整体空间布局和局部设计手法上来支撑新的业态需求；四是对当代商业环境最新趋势的把握。

虽然 HOF 具有深厚的英伦背景，但南京 HOF 的设计仍然希望在传承基因的同时，在室内环境效果上有所提升与发展，满足业主在市场定位和经营目标上的较高期许。

左1、左2：中庭
右1：儿童区
右2：女包区

FLEXA
FLEXA
AIRUTOPIA

LONDON

Savills Row
萨维尔街
4F↓
英伦绅士 Menswear & Accessories
LITTER
HOUSE OF FRAS
SINCE 1849

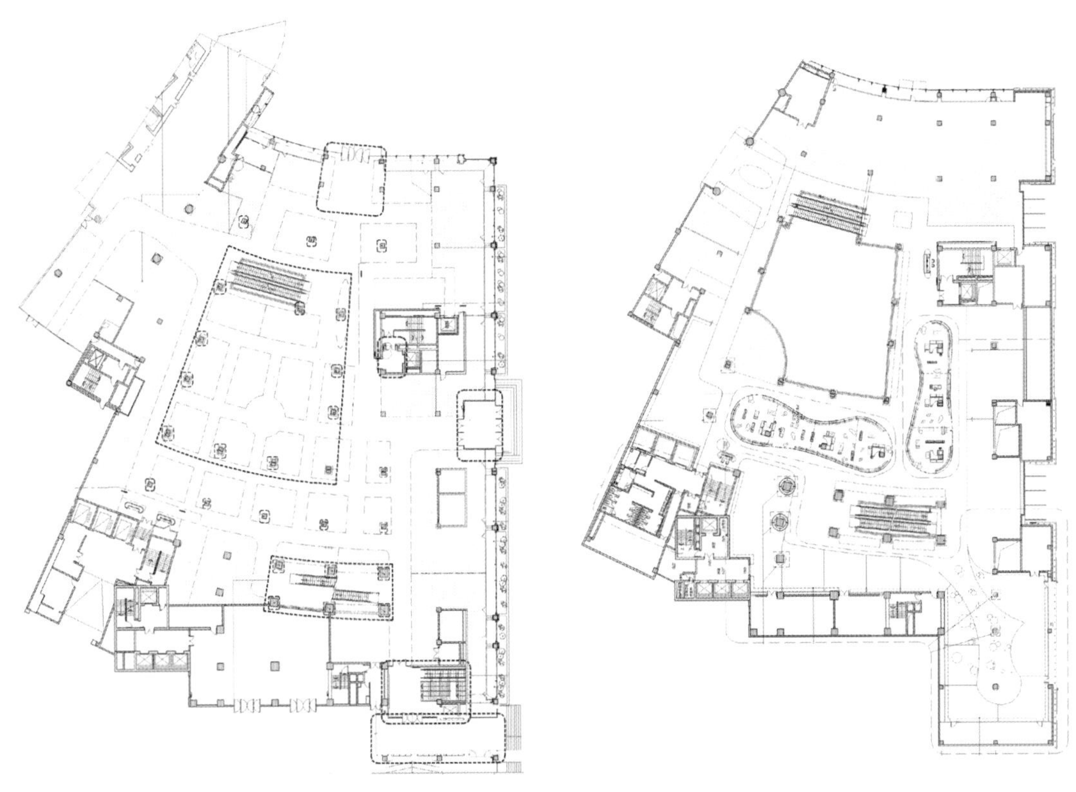

左1：电梯闸口
左2：男鞋区
右1：服务台
右2：接待中心
右3、右4：贵宾接待室

主编

陈卫新

编委（排名不分先后）

陈耀光、陈南、高蓓、蒲仪军、孙天文、沈雷、叶铮、徐纺、范日桥、王厚然

图书在版编目（CIP）数据

2017 中国室内设计年鉴 / 陈卫新主编 . — 沈阳：辽宁科学技术出版社，2018.1
ISBN 978-7-5591-0439-7

Ⅰ . ① 2… Ⅱ . ①陈… Ⅲ . ①室内装饰设计 – 中国 – 2017 – 年鉴 Ⅳ . ① TU238-54

中国版本图书馆 CIP 数据核字 (2017) 第 243247 号

出版发行：辽宁科学技术出版社
（地址：沈阳市和平区十一纬路 25 号 邮编：110003）
印 刷 者：鹤山雅图仕印刷有限公司
经 销 者：各地新华书店
幅面尺寸：230mm×300mm
印　　张：81
插　　页：8
字　　数：800 千字
出版时间：2018 年 1 月第 1 版
印刷时间：2018 年 1 月第 1 次印刷
责任编辑：杜丙旭
封面设计：上加上设计
版式设计：上加上设计
责任校对：周 文

书　号：978-7-5591-0439-7
定　价：618.00 元（1、2 册）

联系电话：024-23284360
邮购热线：024-23284502
http://www.lnkj.com.cn